玉不琢不成器 人不学不知道

U0322927

玉不琢不成器 人不学不知道

中国文化中有关古代建筑的100个趣味问题

庙堂卷

李 山◎主编 孙德刚◎著

金城出版社
GOLD WALL PRESS

图书在版编目（CIP）数据

中国文化中有关古代建筑的100个趣味问题. 庙堂卷/ 孙德刚著.
— 北京：金城出版社，2012.8（2020.4 重印）
（知道吧 / 李山主编）
ISBN 978-7-5155-0527-5

Ⅰ．①中　Ⅱ．①孙　Ⅲ．①古建筑－中国－普及读物
Ⅳ．①TU-092.2

中国版本图书馆CIP数据核字(2012)第153127号

中国文化中有关古代建筑的100个趣味问题·庙堂卷

丛书主编　李　山
作　　者　孙德刚
责任编辑　杨　超
开　　本　710毫米×1000毫米　1/16
印　　张　10.5
字　　数　100千字
版　　次　2012年10月第1版　2020年 4月第2次印刷
印　　刷　保定市正大印刷有限公司
书　　号　ISBN 978-7-5155-0527-5
定　　价　29.80元

出版发行　**金城出版社** 北京朝阳区利泽东二路3号
　　　　　邮政编码　100102
发 行 部　(010)84254364
编 辑 部　(010)64214534
总 编 室　(010)64228516
网　　址　http://www.jccb.com.cn
电子邮箱　jinchengchuban@163.com
法律顾问　北京市安理律师事务所　18911105819

玉不琢不成器　人不学不知道

中国文化中有关
古代建筑的
100个趣味问题

庙堂卷

李　山◎主编　孙德刚◎著

金城出版社
GOLD WALL PRESS

图书在版编目（CIP）数据

　　中国文化中有关古代建筑的100个趣味问题．庙堂卷／ 孙德刚著．
— 北京 ：金城出版社，2012.8（2020.4 重印）
　　（知道吧 ／ 李山主编）
　　ISBN 978-7-5155-0527-5

　　Ⅰ．①中　Ⅱ．①孙　　Ⅲ．①古建筑－中国－普及读物
Ⅳ．①TU-092.2

　　中国版本图书馆CIP数据核字(2012)第153127号

中国文化中有关古代建筑的100个趣味问题·庙堂卷

丛书主编	李　山
作　者	孙德刚
责任编辑	杨　超
开　本	710毫米×1000毫米　1/16
印　张	10.5
字　数	100千字
版　次	2012年10月第1版　2020年 4 月第2次印刷
印　刷	保定市正大印刷有限公司
书　号	ISBN 978-7-5155-0527-5
定　价	29.80元

出版发行	金城出版社 北京朝阳区利泽东二路3号
	邮政编码　100102
发 行 部	(010)84254364
编 辑 部	(010)64214534
总 编 室	(010)64228516
网　址	http://www.jccb.com.cn
电子邮箱	jinchengchuban@163.com
法律顾问	北京市安理律师事务所 18911105819

序 言

人们常说，知识就是力量。其实也可以说，知识就是趣味。得了知识，把自己变得强壮，固然好，可是人生活若无趣味，恐怕要更糟糕一点。

这本"知道吧"的小书，就是增广趣味的东西。涉及的内容，照学科术语说，是"文化史常识"，就是古老历史中人们衣食住行、吃喝拉撒等方面的掌故、趣闻。这方面汪汪如海，小书也只是撷取其中的一部分，计有服饰、饮食、建筑、交通等若干方面。其他方面，将来还会陆续写出。

这些"文化常识"性的东西，说是古代，其实离我们的生活最近。身上穿的，足下走的，特别是到哪儿去旅游或者外出，眼里看的等等，尽是这方面的事情和问题。就以旅游而言，看山、看水、看大庙。看山水好办，凭感觉；看大庙，看大庙里里外外的一切，就得需要点"学问"了吧？这本小书，或许能帮助你！

还值得跟读者多说几句的，是小书的写法。它是采取的谈天说地的调子来写的，作者是这方面的爱好者和有心人。作为爱好者，说起这方面的事情来心情愉快，文字也轻松活泼，尽量在说出些道道来的同时，也说出点味道来。作为有心人，看了这方面的书，默而知之，分门别类，是积累了好多年才有的东西，另外书中有插图，有小知识"贴士"，总之是力求赏心悦目的。

别看是"文化常识"，实际还有问题尚在继续研究中呢。此书中许多话题，或许还是阶段性的看法。告诉大家"最真理"的东西，不是本书的主要目标。若能引起读者您的兴趣，对一些问题也起了"研究"它一番的兴趣，或者以后对这方面的东西更加留意，那才真让小书作者感到自己做了有益的事儿了呢！

最后敬请读者不吝赐教！

（北京师范大学教授、博士生导师）

DI DU FENG CAI
帝 都 风 采

ZONG ZU TAN MIAO
宗 族 坛 庙

目录 CONTENTS

LI DAI LING MU

历代陵墓

ZONG JIAO JIAN ZHU
宗教建筑

目录  CONTENTS

帝都风采

DI DU FENG CAI

1 紫禁城宫殿里是否修了 "半间"屋子？

紫禁城是明清两代皇帝的居所，历史上这里一共有明清两朝二十四位皇帝在这里居住，历时五百六十多年。它是我国古代建筑的最高水平的体现，也是全世界最大的皇家建筑群。既然是皇帝的居所，自然和平常百姓家是不同的，一流的设计、恢弘的规模让人叹为观止。据说紫禁城里有九千九百九十九间半房间，房间多也就罢了，毕竟是皇权的体现，可是这半间是怎么回事呢？

这里有一个有趣的传说。据说，开始修建紫禁城之前，永乐皇帝朱棣琢磨：皇宫毕竟是天下之主的居所，所以房间的总数定为了平民难以达到的一万间。可是当他把圣旨颁布后的第五天，却做了一个奇怪的梦，他梦到自己被玉皇大帝召到了天宫，并且狠狠地批评了一顿，说天帝的宫殿才有一万间，你一个人间的皇帝怎么能和天帝同等待遇呢？这一下子就把朱棣吓醒了。

第二天，他把自己的谋臣找来，把梦中的事情向他讲了一

▼ 紫禁城全景

番。谋臣一听，这还了得，天帝可是惹不起的啊，肯定不能触怒了上天，还是少建一点吧。于是，他思来想去，最后向朱棣进言：既不能超过天宫的规模，也不能丢了皇家的脸面，就建造九千九百九十九间半吧。

朱棣一听，觉得这个主意不错，于是就有了紫禁城九千九百九十九间半的说法了。

作为皇帝的居所，紫禁城设计规模相当大，这个古代建筑群，在世界上也是最大的，它占地七十二万平方米，建筑面积更是达到了十六点三万平方米，最外层有十米高的宫墙和外界分开，而宫墙之外则是五十多米宽的护城河，这让紫禁城显得更为不可接近，也充分体现了它的皇权以及尊贵的地位。

那么，紫禁城真的有九千九百九十九间半房间吗？其实，这只是个传说，并没有确切的根据。经过后来人们的清点，紫禁城中所有的建筑都算在内，一共约有建筑九百八十座，房间大概为八千七百零七间，虽然没有达到传说中的数目，不过也的确是非常之多了。至于那半间房间，有的资料说是指收藏第一部《四库全书》的文渊阁的楼梯间。文渊阁为二层楼房，楼上为

▲ 明代宫城图

一个明间，楼下为六间，取"天一生水，地六承之"，为的是"以水压火"。另外，对下层还做了巧妙处理，将内部又隔成上下两层，从而增加了使用面积。在上层西端（即下层楼梯之上）设计了一个房间，因为太小所以被认为是半间，但这种观点也有很多人不认同。

其实，紫禁城内有半间房的地方很多。如太和殿应该是面阔九间，"九"是最大的数值。为了突出皇家的至高无上，又在九间两头各加了一个"夹室"。夹室就是半间。再如，作为太和殿正门的太和门，最高规格是七间，也在两头各加了一个夹室，这也是两个半间。

那么这么大的地方，这么多的房间，究竟是怎么分配的呢？这些房间里面有皇帝办公的地方、学习的地方、居住的地方、游戏的地方，还有皇帝的家属——皇后、嫔妃们的住所，以及一些服务于皇帝家族的人的居所和服务性场所。当然，即使这么多人居住，仍然有很多房间是空置的，毕竟房间实在是太多了。

面对这么复杂的工程，我们不得不佩服紫禁城的建造者们，他们居然能把如此庞大的皇宫建筑规划得井井有条，把封建等级制度很好地融入建筑中，前朝内廷、居住玩耍、办公休息，都是那么合理有序，而哪个地方适合什么样身份的人驻留、使用和居住，分得更是清楚，不得不说，他们利用有限的材料创造了世界建筑历史上的一个奇迹。

规模恢宏的紫禁城是中国古代皇家建筑艺术的集大成者，它的每一处建筑都体现着当时我国最高的建筑水平！

● 北京故宫的八千七百零七间房屋是如何数出来的呢？

据最新统计数据，故宫的房间约有八千七百零七间。这个房间总数的计算是按照古代房间的计算方法得来的。这个计算方式很有意思，它不是一间一间去数，而是采用数学计算方法。这种计算方法叫做"四柱一间"法。由于古代的房屋大多是木结构的，所以由很多的柱和梁构成，而像皇宫中一些大型甚至巨型建筑则要用到更多的柱子来支撑。于是人们就把四根柱子中间的那个正方形或者是长方形称为一间，这就是"四柱一间法"。按照这个计算方法，紫禁城中的太和殿看似一间，却在实际计算中时按照55间来计的，通过这个古法计算，北京故宫目前的房间总数为八千七百零七间。

紫禁城宫门上为何布满金钉呢？
门钉数量为何在清代被写进了法律？

中国古代建筑中，大门之上往往有一排排的钉子，被称为门钉。北京故宫的宫门上，这些门钉尤为明显，远远望去，甚是威严，跟普通的大门明显不同，那么这些门钉究竟有什么作用呢？

有专家认为，门钉最早来自墨子理论中的"涿弋"①，长二寸，见一寸，钉入门板大概一寸。这样的门钉主要是固定门板，使门更加牢固。同时，城门的门钉上还会被涂上耐火的泥巴，以防止敌人使用火攻。

①古时城门上嵌装的尖圆形木楔。

▲ 狮头门环

　　明代之前，门钉使用的数量无明文规定。到了明清时代，才把门钉数量和等级制度联系起来。门钉逐渐增加了新的用途——装饰性的等级标志。在等级森严的古代建筑中，门钉居然有了身份，成了等级象征。在皇家建筑中，每个门上的门钉数量都有严格的规定。

　　作为封建等级的象征，门钉登上了封建的典章制度。明太祖朱元璋曾经命令礼部的官员去考究门钉的历史，可是，经过礼部人员的研究，发现门钉其实没什么特殊的历史。于是朱元璋命令手下人制定了一系列的规定，并写进了法律：皇家宫殿是九行九列。《大明会典》还规定："按祖训云：凡诸王宫室并依已定格式起盖，不许犯分。洪武四年定亲王府制，……四门，……正门以红漆金涂铜钉……"皇家宗族王府可以使用门钉，不违制度。而公侯府第则规定门用金漆及兽面摆锡环，一品、二品官门用绿油兽面摆锡环，三品至五品官门用黑油摆锡环，六品至九品官门只许用黑门铁环，公侯乃至九品官，皆不许使用门钉。这些制度在清代得以延续，并更加细致。

　　《大清会典》载："宫殿门庑皆崇基，上覆黄琉璃，门设金钉。""坛庙圆丘外内垣门四，皆朱扉金钉，纵横各九。"清代皇宫大门钉是纵九横九，共八十一颗钉，且用金钉，代表皇权至尊。《大清会典》还明文规定，皇帝之下的亲王府是"门钉纵九横七"。世子府、郡王府是"压脊各减亲王七分之二（即纵九横五）。"贝勒府、镇国公、辅国

▼ 狮头门环

公是"公门铁钉纵横皆七。"虽然比郡王府的四十五个门钉还多四个，但是由金钉改为了铁钉。所以等级更低。公以下府第是"侯以下至男递减至五五，均以铁。"

紫禁城南门（即午门）、北门（即神武门）、西门（即西华门）都是九行九列门钉，但是东门（即东华门）却不是，它只有八行九列，为何此处用偶数（阴数）门钉而不用奇数（阳数）门钉呢？至今没有一个公认的说法。有些人认为与传说有关。

据说，明朝末年，农民起义爆发，崇祯皇帝一筹莫展，派兵镇压都以失败告终。李自成的部队眼看就要打到京城了，作为一国之君，虽然国已破，但是皇帝的尊严不能丢啊，万历皇帝就在北京城被攻破之后，仓皇从东华门逃跑了，并自缢于煤山。清朝入关之后，统治者觉得东华门有如此经历，不是很吉利，于是决定此后皇帝的灵柩都由这个门抬出去，并把这个门上的门钉减去一排，变成了八行九列，这样就形成了如今东华门少一排门钉的格局了。

古时候，一看门上的门钉，就知道这家是什么等级。当然，现如今，门钉除了在一些古建筑上还使用外，现代建筑基本不用了。

延伸阅读

● 看似平常的门环，居然有两千多年的历史，你相信吗？

古代建筑的大门上都有一对门环，门环的下方则是一对"铺首"，它兼有装饰和使用功能。铺首原本是门环的底座，后来把门环也叫做铺首了。据目前可见的记载，铺首至迟在汉代就已经使用，其历史最少也有两千年了。门环也同门钉一样，有着严格的等级要求，如果用错了，可能会有牢狱、甚至杀身之祸。老百姓家的铺首一般只用在主要的大门上，如宅院正门等，其造型也很简单，一般是圆形，材质也很普通，多为铁制或铜制。铺首的作用就是叩门用的，拿起门环，轻轻敲击底座，金属撞击声可以提醒主人家来客了。相比普通人家，皇家贵胄的大门上铺首就比较复杂了，除了门环增加花纹外，底座也多为传统的瑞兽，如虎、螭、龟等，材质一般要鎏金。这样做一是为了突出门第高贵，二是这些瑞兽有避邪功用。

3 明清皇城首门"天安门"上的 "暗楼子"是做什么用的?

天安门是明清两朝皇城的正门,相当于紫禁城的"门脸"。它建设于永乐十五年(1417年),被认为是城门中的重中之重。气势恢弘的天安门是明清皇帝出宫的必经之门,也是皇帝举行庆典的场所。不过,就是这么一座在明清两朝几百年间无比重要的城门,却成了"梁上君子"时常光顾的地方,究竟是为什么呢?

作为皇帝的居所,紫禁城里聚集了世界各地的奇珍异宝。这些价值连城、举世无双的珍宝让很多盗贼垂涎三尺。久而久之,有些窃贼找到了门路,尤其是到了清代后期,国家日益衰败、政务松弛,守护皇城的侍卫也不那么尽心尽力了。这些窃贼就更加猖獗,他们飞檐走壁,专门

▼如今的天安门城楼

去偷皇宫。

不过，他们大多都是夜间行动，白天休息，而休息的地方居然选在了诸如天安门这样的城楼之上。天安门作为宫城的正门，其实是很显眼的，那么窃贼如何藏身呢？原来，天安门这样的城楼之上有一处叫做"暗楼子"的秘密所在，这里成了窃贼的安乐窝。

更让人感到吃惊的是，有些窃贼居然当着守卫城楼士兵的面走出"暗楼子"。由于常年无事可做，守卫城楼的士兵经常赌博。躲在暗楼子里的盗贼看得心痒手痒，便壮着胆子下来和官兵一起赌博。估计是心照不宣或者窃贼买通了守卫，护城门的士兵也不说破。

▲ 太和殿的承尘

不过，也有例外的时候，每当皇帝要登上城楼举行什么活动的时候，守卫们便开始了一项"扫楼"活动，虽然这个活很辛苦，但是油水很多——既可以捉贼，又能拿到一些价值连城的宝贝。一部分回归国库，另外的一些则进了自己的腰包里，何乐而不为呢。

作为当时紫禁城的正门，天安门气势恢宏。城楼总高有三十四点七米，城楼上面由清一色的朱红大圆柱支撑，总共有六十根，非常有气势。房间是东西九间，南北五间，暗合了古代"九五之尊"的皇权地位，象征了皇权的至高无上。城楼前是通向皇城横跨在护城河上的金水桥，一共有七座，各有名称，各有其用。

那么，天安门等城楼上的"暗楼子"是做什么用的呢？为什么那些盗贼可以在这里面容身？

"暗楼子"其实是城楼内屋顶天花板上开的一个方口，开口内有一个空间，可以存放一些临时物品，人们用梯子可以进入这个空间，类似于现在比较隐蔽的储物间。作为皇宫正门的天安门，也设置了这么一个"暗楼子"。在大厅的顶部，有一个绘有龙凤图案的天花板，有一平方米左右，这个天花板被称为"承尘"，而"承尘"最顶端的部分就是"暗楼子"，"承尘"下面明亮的大厅，就是"明楼子"。不过，未曾想到的是，天安门的"暗楼子"却被很多盗贼当作了栖身之所。这些窃贼估计也懂得"灯下黑"的道理吧。

以至于后来，皇宫的其他城门楼里的"暗楼子"也发展成了这些盗贼的藏身之地，不能不说是个笑话。

● **明清皇城正门天安门为何起名"天安"呢？**

明代永乐十五年建成的天安门起初并不叫"天安门"，而是叫"承天门"，意思是"承天启运"。这个名字一直用到了明朝结束。清朝统治者们来到北京皇城之后，为了从各个方面达到其能够长期统治的目的，所以给城门改了名字，作为皇宫正门的"承天门"也在改名的行列中，因为当时清政府刚刚入关，全国各地反清复明的情绪非常高涨，所以，他们为了求得能够长治久安，所以给"承天门"改名为"天安门"，这个名字也涵盖了承天本身所拥有的寓意，也有了清朝统治者自己想要表达的意思，而很多其他的城楼也带上了"安"这个字，也是因为这个原因。

"九门出九车"
是哪"九门"哪"九车"?

北京城是一座历史悠久的古都,这里有很多价值颇高的古代建筑,如紫禁城的皇家建筑群、颐和园、天坛、圆明园等等。在北京城悠长的历史中,城门则是一道独特的风景线。古老的城门成为一种象征。老北京的城门有很多的讲究,坊间就流传着一个北京城楼牌匾的传说。

相传,明代的大臣奉命修建北京城,他一共为北京城设置了九座城门,每座城门上面都有一块牌匾,书写着这座城门的名字。如今,我们还能看到几座幸存下来的,细心的人们总能发现这些匾额上面的一些小秘密:所有城楼匾额上的"门"字都没有勾。这究竟是什么原因呢?

原来,当时的大臣修建城门的时候想到了一些皇家的禁忌。如果"门"字带勾,那就犯了忌讳!自古传说皇帝都是真龙转世,皇家的东西跟龙都有关系。龙是水里的生物,不是有那句话吗:"水不在深,有龙则灵",而水里的东西没有不怕"钩"的,因为它们大多都是被钩上来送掉性命的。皇帝出宫办事,必须经过城门,"门"上带勾是不被允许的。这个事情如果被皇帝看到了,追查起来,谁也承担不了,可是掉脑袋的大罪啊。所以,干脆直接去掉了城门上"门"字的勾。

当然,这只是个传说,究竟是何原因,还有待考证,不过上面所提到的北京城中有九座城门,却是真实的,也就是现在所说的内城门。

老北京有句古话说:

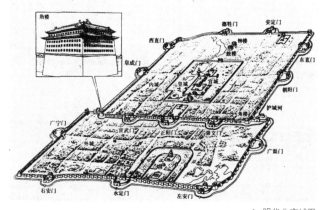

▲ 明代北京城图

"内九外七皇城四"。这是北京城门的总数量，"内九"就是指的上面所说的城门了，它们分别是：正阳门、宣武门、阜成门、西直门、德胜门、安定门、东直门、朝阳门、崇文门，"外七"则指的是：永定门、左安门、右安门、广渠门、广安门、东便门、西便门，"皇城四门"是：天安门、地安门、东安门和西安门。

内城九门虽然都是京城城门，却又各有其用——每个城门有每个城门的功能，不能混淆，也就是历史上所说到"九门出九车"。

如，正阳门是皇城的正门，只有天子才能出入此门，而此门修建得比其他八个门要大一些，这也体现了皇帝的唯我独尊与皇家威严。

再如，德胜门是出师打仗的时候走的，元代这座门叫做"健德门"，明代改称"德胜门"。军队回来的时候就要从安定门进城，安定门在元代称为"安贞门"，是收兵之门，正如歌谣中唱的："打仗要德胜，进兵就安定。"

▼ 德胜门旧照

而宣武门则是犯人走的门。在崇文门与宣武门的命名上遵循了古代"左文右武"的礼制，两门一文一武对应，取"文治武安，江山永固"之意。

又如崇文门，俗称"哈德门"，明清时期此门外是通往河北涿州的酒道。酒商进京做生意，先进入外城的左安门，然后到崇文门报税。崇文门的税捐之苛是出了名的，因此有人戏称此门是税收之门，令许多商人望而生畏。同时，这座城门也是当时比较有油水的一座城门。而阜成门则是运煤的，西直门是运水的；朝阳门走的是粮车，东直门是各种建筑材料进京必经之门。这样九门就有了各自的功能，这样的规矩每一个都不能乱了，必须按照分派进城，因此便有了那句"九门走九车"的说法了。

● 为什么正阳门修成了"土洋结合物"？

正阳门作为皇城的正门，是只允许皇帝出入，它当时修建也比其他的城门更具气魄，不过，后来它却遭受过一次灭顶之灾。1900年八国联军入侵北京的时候，用大炮轰开了正阳门，把正阳门的箭楼直接轰塌了。后来，印度士兵在正阳门城楼上做饭，又不小心失火烧毁了正阳门。慈禧还京之后，派人重修了正阳门。而到了1915年，时任总统的袁世凯选择了一个洋人罗斯凯格尔来改建正阳门，他按照自己的思维，对正阳门进行了大幅度的改变，在花费了十八点二二万银元，另支出拆迁费七点八万银元之后，终于在1915年12月完工。不过，用三十二根石梁支撑的悬空阳台和极不搭调的白色拱形窗楣使得正阳门城楼和箭楼显得有些不伦不类，最终变成了老百姓口中的"土洋结合物"了。

长城上真有传说中所谓的 "定城砖" 吗?

　　万里长城是世界建筑历史上罕见的古代军事防御工程,是中国悠久历史的见证,它凝结着古代劳动人民的无限智慧,在我国人民的心目中有着极为重要的地位。目前,我们见到的长城大部分是明代长城。

　　其实,长城始建于春秋战国时期,距今已经有两千多年的历史。到了明朝,出于战略目的,政府对长城进行了大规模修建,这就是现在我们看到的明长城,它西起甘肃的嘉峪关,东到辽宁的鸭绿江边。民间有一个嘉峪关的传说,讲的是人们经常提起的"定城砖"的故事,这究竟是怎么回事呢? 真的有"定城砖"吗?

　　相传,朱元璋洪武五年(1372年),政府开始发动人力、物力建造"天下第一雄关"嘉峪关,当时,政府召集了天下知名的工匠来商

▼ 嘉峪关城楼
　（1907年摄）

讨修建嘉峪关的事情。有一个叫易开占的工匠技艺非常了得，他认为
这个事情一定会落到自己头上，所以提早就开始考察和计算了。

果不其然，当时负责修建此关的官吏上来就问他：“易师傅，您
看修建此关需要多少块砖
啊？”易开占故作为难地
说：“这么大的工程，我得
考察考察，不能一下子就说
出来啊。”这个官吏本是想
故意刁难他，没想到他如此
认真，所以允许他调查，想
看看他如何处理。

第二天，易开占来到
官吏面前，直接对他说：
“需要九万九千九百九十九
块砖，一块不多，一块不
少！”这个官吏当然不信，他想，哪有人能这么厉害，算得如此精准

▲ 嘉峪关

呢。于是他便说：“好，就给你这些，多一块砍你脑袋，少一块也砍，
你来干吧！”

一声令下，嘉峪关的浩大工程破土动工了。日升日落，春去秋
来，几年过去了，嘉峪关城楼很快就要建好了。可是，到了最后一
天，一个手下慌张地跑来告诉易开占：“还剩下一块砖，怎么办？”
易开占稍微迟疑了一下，立刻吩咐人把这块砖放在嘉峪关关城西瓮阁
楼的后檐台上。

不久，那个官吏听说城楼竣工了，就来到工地检查。忽然，他发现
了那块多余的砖，便幸灾乐祸地找来易开占，问这是怎么回事。易开占
非常镇定地说：“这叫‘定城砖’，可不是一般的砖，只能放在那里，
如果拿掉，嘉峪关就镇不住了，会塌掉的。”那个官吏即使有再大的胆
也不敢拿这个开玩笑啊，再加上周围人都在看着，也只好作罢了。那块
“定城砖”自此就一直在嘉峪关上面摆放着。

这是嘉峪关修建时的一个传说，至于到底工匠是否有那个计算的本领我们不得而知，不过雄伟恢弘的嘉峪关的确由九万九千九百九十九块砖包着城墙，这不得不说是一个奇迹。而整体上的嘉峪关更是令人惊叹，那城中有城、城外有沟，具体的防御体系、建筑风格都配得上"天下第一雄关"的称号。

嘉峪关建在甘肃省西部的河西走廊最西一处隘口处，战略地位相当重要。明初为了灭亡北元（北元是史书对元朝灭亡后针对蒙古故地的残余政权的称呼），朱元璋派人去征讨，当时宋国公、征虏大将军冯胜班师回朝时，看好了这个地方，于是便在洪武五年（1372年），征得政府同意，开始建造嘉峪关，不过令人意外的是，这一建造就开工了168年，直到1540年，才彻底建成，也可以说是建筑史上时间最长的一项工程了。

嘉峪关的整个建筑结构，可以说非常壮观。作为防御性的建筑，它的设计主要注重军事防御上的功效，城关有三重城郭，很多道防线，由内城、瓮城、罗城、城壕等很多部分组成。其中内城是嘉峪关的中心，面积达到了二点五万平方米，还有瓮城回护，这只是嘉峪关的主体中心的建设，另外的组成部分更是壮观，这也是嘉峪关整个耗时一个半世纪建成的原因。那么多的雄伟建筑结合在一起，筑成了这个"天下第一雄关"。

延伸阅读

● 明长城到底有没有"万里"之长？

明长城是明朝政府为了防御边患而修建的军事防御建筑，它从东边开始，经过了我国的辽宁、河北、天津、北京、山西、内蒙古、陕西、宁夏、甘肃、青海十个省，总长度达到了八千八百五十一点公里。长城总长的计算分为了三个部分，一个是人工墙体，一个是天然险要长度，另外一个就是壕堑的长度，共同组成了明长城。明长城是一个军事防御体系，它由很多部分组成，分为城墙、关、城堡、墙台和烟墩等，这些不同用途的军事建筑就完整地构成了"万里长城"了。

6 六朝古都南京为何称为"鬼脸城"？
难道城中真的有"鬼脸"吗？

　　赫赫有名的南京城曾经是中国历史上多个王朝政权的都城，这里有着深深的帝王文化烙印。由于先天的地理条件，它也有着独特的城市建设特点。因为周围有山，而且多利用自然因素建设，用石头围城，因此南京曾经被称为"石头城"。不过，南京城还有另外一个比较容易让人记住的名字——"鬼脸城"。石头城是因为有石头，那"鬼脸城"是不是因为有鬼脸呢？

▲ "鬼脸照镜"

"鬼脸"位于南京清凉山的悬崖峭壁上，狰狞恐怖，让人一看就感到毛骨悚然。据说原来并非如此，那段山崖当初是光洁如镜，如同刀削斧劈一样，并没有现在的鬼脸的样子。那究竟是什么时候变成了现在"鬼脸"的样子呢？

据说，当时清凉山来了一个妖怪，它经常祸害附近的百姓，老百姓们既怕又恨，可是却拿它没有办法。恰巧，有一位大仙路过这里，发现了妖怪祸害老百姓，于是决定为老百姓除害。他们俩经过一番搏斗，最终妖怪被大仙打败，妖怪想要逃跑却发现无路可逃，就一下子躲到了清凉山里了，怎么也不敢出来，它以为这样就能躲过大仙。可是大仙法力高强，他拿出一面照妖镜一照，妖怪的脸立刻从清凉山的山崖上显现了出来。大仙怕这妖怪再逃出来祸害百姓，干脆直接将照妖镜放在这里，镇住妖怪，使它逃不出来，后来这照妖镜便化成了一个池塘，就在清凉山悬崖前方。不知过了多少年，"鬼脸城"的名称就传开了。

这个传说为我们展现了南京"鬼脸城"的来历，它给我们展示了南京城的地理环境，鬼脸城里的确有"鬼脸"，应该是后人对山崖上的这些石头的一个想象罢了。除了"鬼脸城"，南京更为著

▼ 石头城

名的还是"石头城"这个称呼，唐朝著名诗人刘禹锡曾作诗《石头城》描写南京，抒发了他对历史沧桑变化的感叹。

南京石头城的出现最早可以追溯到战国时期，而真正让"石头城"出名是到了三国时期，诸葛亮曾经发出过感慨道："钟山龙蟠，石头虎踞，真乃帝王之宅也。"孙权后来也迁都于此，并且就在清凉山下建立起了石头城，以此作为保卫都城的屏障。

"石头城"选在清凉山上，是因为这里的地势环境确实是易守难攻，城的东、南、西三面有山为依靠，又紧靠淮河、长江，因此可以说是要塞中的要塞。此外城中的建设，都是取材于清凉山上的自然石材，石头屋子、石头仓库，以及烽火台等等，一应俱全，这也体现了当时我国古代劳动人民的无限智慧——因材建城。这座城池到了南朝仍然是军事上的要地。

前面所提到的"鬼脸"，其实仅是石头城墙的一个部分，如今它已成为一个重要景点，即"鬼脸照镜"。

● 南京帝都的石头城为何被称为"城市山林"？

南京的石头城，虽然名字如此，但并非全是石头，而是建在了清凉山上，建筑上多采用山上自然的石头材料，与大自然完美结合，在当时更多的是军事和城防上的考虑。唐朝时期著名的田园诗人王维曾经描写过清凉山的景色，他的那首《山居秋暝》就能够完全体现出那里的纯美的自然风光，又因为这里处在了城市群中，所以，人们便把清凉山和石头城一带称为"城市山林"了。

7 史称"四水贯都"的开封有哪些皇城水系？ 它有着怎样的独特城市布局？

开封是一座名副其实的古都，曾有七个王朝定都于此。在城市建设上，它有着独到的帝王气息，同时地理位置也相当优越。作为一个内陆城市，它却有着"四水贯都"的美誉，这是怎么回事呢？

我国宋代著名画家张择端有一幅举世闻名的画作《清明上河图》。《清明上河图》中所绘的是当时东京汴梁（也就是今天的河南开封）的繁荣景象，它一点都不逊色于唐朝长安城。画中的每一个部分都让人感受到宋朝都城的繁华气息，画中出现了六百八十四个人物，九十六头牲畜，一百二十二间房屋，一百七十四棵树木，二十五艘船……画中景象正是清明时节，展现的是郊区和城内汴河两岸的建筑和民生，让人清晰地看到了北宋时期的都城汴梁的真实容貌。

那么，当时东京汴梁一共有几条河流呢？

当时，汴梁的漕运非常发达，河道是城市交通一个重要的支点，仅仅经过汴梁的大河流就有四条，分别是：汴河、蔡河、五丈河、金水

▼《清明上河图》的汴河

河。汴梁城墙外有护城河，河上布有水门，四条河流通过护城河联系在一起。汴梁城内河道是彼此相通的，官府和百姓都可以通过河道进行运输，各种物资从南方运进都城。金水河可以连接到宫廷之中，方便了皇城内的用水和水路循环。因此，汴梁又被称为"四水贯都"。

除河道以外，汴梁的城市布局建设承袭前朝，又加以改进。唐朝时期严格的里坊制度在宋朝已经不多见，城市里的坊与坊之间不再那么封闭。而"市"则随着城市进步不再那么固定，更多地与居住地结合起来，这样也显得更加方便了。

汴梁的城市布局是在隋唐的基

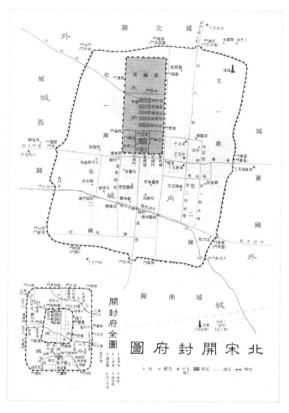

▲ 北宋开封府图

础上逐渐改造而来的，它主要分为三个部分：外城、内城、皇城。三个部分层次分明，皇城居中，往外是内城，内城之外就是外城，其间还有一个缓冲地带。具体到各个部分来说，外城和内城都是居民居住区和商业区混合，最里面的皇城是皇家禁苑。整个汴梁城非常大，这可以从外城的城墙长度上看出来，东墙长七点六六公里，西墙长七点五九公里，南墙长六点九九公里，北墙长六点九四公里。由于人口增加，城市也在不断扩建，当时像汴梁城这样拥有一百多万人口的城市，已经是一座特大型的城市了。

总体来说，汴梁是在我国最发达的隋唐时期的城市建筑布局的基础上，进行了旧城改造，然后更加适合更多的城市人口居住，这也是城市建设的一个趋向，也是汴梁城市布局的特点。

● **汴梁城中的"瓦子"是一个什么地方？**

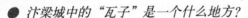

北宋时期的开封，城市建设比隋唐时期的长安有很多进步，除了将原来的"坊"、"市"之间的隔断打开、使其有机融合之外，还给这个全国的政治、经济中心创立了一个新的区域，这个区域叫做"瓦子"。

"瓦子"功能是城市居民的一个娱乐、休息场所，这个场所由开展各种杂技、游艺表演的勾栏、茶楼、酒馆组成。从活动内容上看，各种娱乐项目应有尽有，如傀儡戏、小唱、杂技、小说、舞蹈、影戏等。北宋时期，这样的"瓦子"在汴梁城内有五六处之多。

8 曾经是世界中心的长安城为何建成"菜地"的样子？围棋盘一样的布局又是何故？

唐朝，在我国历史上有着非凡的地位，而在那个时代唐帝国绝对是当时世界上最强大的国家，科技、文学、音乐、建筑等都领先于世界其他国家。而长安——唐朝的政治中心，更是世界上无与伦比的大都市，无论从人口还是城市建设上来说都引世人瞩目，作为当时的世界中心，长安城的城市规划到底如何呢？为什么它规划得跟菜地一样呢？这中间到底有什么奥秘？

唐朝长安城的建设，它的前朝、短命的隋朝也起到了相当大的作用。据记载，隋朝称后来的长安城为"大兴城"，而在建城之前，可谓是费足了功夫。当时，隋文帝杨坚本打算在汉朝长安城的基础上继续建都，可在观察了当时的情况后，发现汉朝的长安城旧址已经年久失修，排污系统不好，且城市用水问题一直没有得到好的解决，另外再加上它北临渭河，有被洪水淹没的危险。据《隋唐嘉话》记载："隋文帝梦洪水没城，意恶之，乃移都大兴。"因此隋文帝犹豫再三决定还是另选址建都。在汉代长安城的东南，

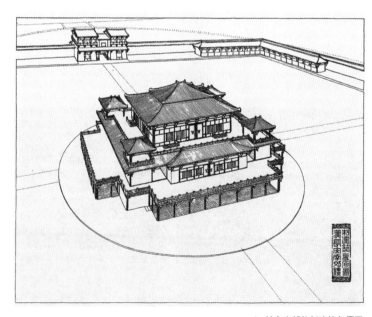

▲ 长安南郊礼制建筑复原图

隋代建造了一座新的都城，取名"大兴城"。唐朝承袭隋代，把"大兴城"改造成了唐长安城。

唐朝建立后，对长安城进行了更细致地布局。隋朝虽然存在时间不长，但在大兴城的建设上却下足了功夫。唐朝替代隋朝之后，统治者只是对都城进行了更为有利于自己管理与发展的布局。长安城整体的面积达到了八十三平方公里。长安城里皇城居中，中间大道分开，四周均匀地布局着豆腐块一样的区域，这里有百姓居住地，也有闹市区，唐代大诗人白居易在诗中这样形容当时长安城的布局："百千家似围棋局，十二街如种菜畦"①，形容得恰如其分。城市中的布局是那么井井有条、整整齐齐，完全是一个对称的结构，可以说是中国古代都城的一个典范。

长安城并不是一个完全方方正正的城市，它是一个东西略长，南北相对较为短的长方形：东西为九千七百二十一米，而南北为八千六百五十一米。作为主要街道的朱雀大街将长安城对半分成了两个部分，这两个部分中分得比较清晰，都是一些四四方方的方块组合，使得长安城整个布局跟围棋盘、菜畦一样。百姓居住的地方和商业地区有明显的界线，这样的布局是出于方便管理的需要，官府的管理效率也得到了明显提高。从一定程度上说，这种设置对唐长安城成为当时最为先进的城市提供了巨大支撑，人口达到了封建城市发展的

▼ 长安城复原图

顶峰。对于这样的布局，很多来到当时长安的外国人都赞不绝口，而且日本人也学习了唐朝长安城的这种布局，后来的一些日本城市也是这样进行建设的。对于封建城市来说，唐代长安城的城市布局代表了当时较高的水平。

● 长安城中的"天人合一"是如何布局出来的?

　　古代中国城市布局都讲求"天人合一"，特别是古代都城更是如此。唐长安城，这个中国封建城市的代表之作则更是如此了。唐长安城的整体布局，就是按照天上二十八星宿的位置进行设计的。天上的紫薇宫位置颇为奇特，它在北天的中央，以北极为中心，四周环绕着其他星宿，显得格外尊贵。人间的皇宫代表紫薇宫，皇宫在城中的位置就如同紫薇宫在天上的位置，如同其他的星宿一样，长安城中其他建筑统一围绕在了皇宫的周围。

9 举世闻名的"大明宫"名字因何而来？
它真有现在北京故宫的四倍大吗？

　　唐朝，这个中国历史上最辉煌的朝代，是中华民族骄傲的回忆，文化、科技、经济、政治……诸多方面都是处在当时世界的领先地位，建筑方面也是当时独一无二的。作为唐朝建筑中的顶尖作品——皇帝宫殿，自然更是令人惊叹，大明宫便是其中最璀璨的明珠。大明宫宫殿群，在历史上就带着几分神秘的色彩。它们是唐朝长安城中的杰出建筑之一，也是当时最高建筑水平的体现。然而，这些具有华丽外表、精湛

▼ 唐大明宫麟
德殿复原图

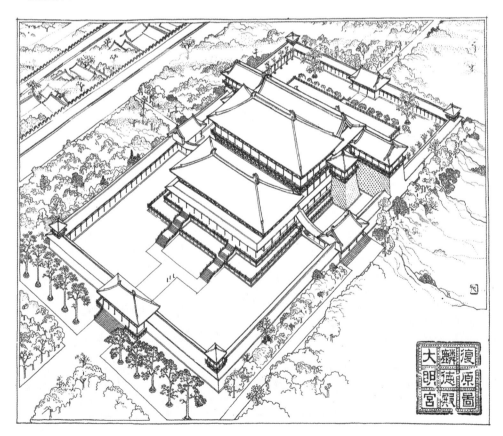

技术的一代杰作却没有留存下来，如今它们只剩下了一个基座，不禁让人唏嘘。那么，这座宫殿究竟何以得名？它又有什么建筑特点呢？

大明宫始建于唐太宗李世民贞观八年（634年）。唐高祖李渊起兵推翻了隋朝、建立唐朝之后，继续把隋代的大兴城作为都城，改名为"长安城"。当时，长安城没有什么像样的宫殿，只有太极宫能作为皇帝的住所。李渊是个贪图享乐的人，可是，国家初建，国力还不够殷实，因此也一直没有机会为自己修建好的宫殿。唐高祖武德九年六月四日（626年），"玄武门之变"爆发，两个月后李渊退位，李世民登基。光阴荏苒，李世民已经当政数年。

李渊的身体日渐衰弱，李世民决定为父亲修建一座养老、"清暑"的宫殿，并定名为"永安宫"，希望父亲能够身体安康。然而，李渊却没有这个命，宫殿还没修成，李渊就病逝了。

虽然父亲去世了，但李世民并没有停止修建这座宫殿，他希望建成的宫殿可以留给母亲居住。这天，突然有人来报告，说在宫殿挖地基的时候竟然发现了一面秦朝古铜镜。

李世民赶忙求教得力助手魏征，魏征说："得此镜，预示着唐朝天下万古长青啊！"

可李世民却说道："朕得此镜何用？朕已有胜它千倍万倍的镜子了！"

众人不解，忙问何故？

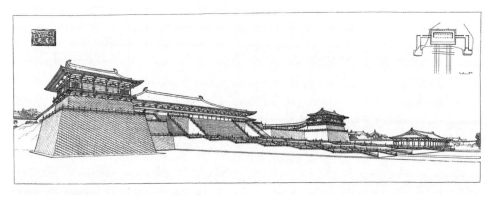

▲ 大明宫含元殿复原图

李世民说道："铜做的镜子可以让人整理衣帽，以古为镜子，可以知道兴衰，但是以人为镜可以知道得失啊，魏征经常劝谏我，让我知道自己的得失，不正和明镜一样吗？那么为记今日君臣明镜之会，朕特改此永安宫为大明宫！"

这便是大明宫名字的来历。

那么大明宫究竟是什么样子呢？规模如何呢？虽然我们已经不能得见其貌，但仍然可以通过历史记载来研究和感受那昔日辉煌的建筑。

大明宫是近三百年唐朝政权的中心。唐高宗龙朔二年（662年），大明宫被扩建，第二年，唐代权力中心迁入大明宫执政。但是乾宁三年（896年），大明宫被兵乱所毁。

作为唐朝的主要宫殿群之一，大明宫的规模相当恢弘。其周长达到七点六二八公里，面积达到了三点三平方公里。这个面积达到了北京紫禁城的四倍。这个宫殿群是中国古代最大、最宏伟的宫殿建筑群，在世界上也是屈指可数的。从平面图上看，它呈楔形。大明宫的建筑布局是以丹凤门、含元殿、宣政殿、紫宸殿、玄武门为南北轴，而其他的四五十处建筑则分别位于轴线的两侧。整个建筑群分为"大朝"、"中朝"、"内朝"，每个部分的职能被严格区分开来，非常明显，办公、生活区域非常明确。

大明宫宫殿群中最为宏大的是含元殿，它是大明宫中的第一大殿。其气势、建筑技巧、规模都属上乘，光是殿前的两条平行的阶梯，长度就达到了七十多米，每每遇到大型集会，百官都会从这里进殿，因为其形象如龙尾翘起，所以这里被称为"龙尾道"。唐朝李华做过《含元殿赋》中对含元殿有过如此的描绘：

　　　　左翔而右栖凤，
　　　　翘两阙而为翼，
　　　　环阿阁以周墀，
　　　　象龙行之曲直。

这是对含元殿的一个总体评价。含元殿是皇帝办公早朝、百官朝见的地方，其整体气势极为庄重威严。

这样一座代表着中国古代建筑成就的建筑群最终没能留下完整的实体，淹没在了历史的尘埃中，不能不说是一个遗憾。

● 大明宫中的"三朝"究竟如何区分，又分别职责如何呢？

　　大明宫建筑群分为"三朝"，即"大朝""中朝""内朝"，由其中的三大殿构成的三个空间进行区分，它们的职能各有不同。最前面为"大朝"，主要是国家举行比较大的仪式或者集会、庆典的时候用的，所以是比较正式的场所。"大朝"的核心建筑是含元殿。"中朝"以宣政殿为主体，主要是用来办公的地方，属于大明宫中的行政中心。而最后的"内朝"则是以紫宸殿为核心，当时如果官员被皇帝在这里接见，将是一件非常骄傲的事情，被称为"入阁"，普通官员会兴奋上几天。另外，内朝还有一座著名的宫殿——麟德殿，它在大明宫西北部，是宫内最大的别殿，是皇帝举行宴会、观看乐舞和接见外国使节的场所。

10 "里坊"中的"坊"是不是现在的居民小区？
隋唐居然也有CBD？

  唐朝长安城是当时世界上一个国际性的大都市，这个地位跟它的城市规划不无关系。

  长安城内各个区域的规划井井有条，将统治者、百姓居所以及商业活动的场所进行了详细的安排和布置，这种看似古板的设计非常利于统治者管理，这种规划在当时被称为"里坊制度"。隋唐时期兴盛的里坊制度是对当时的封建社会的一大贡献，这种制度还漂洋过海，传到了近邻日本。那么，"里坊"究竟指的是什么呢？

  唐代的长安城是在隋代大兴城的基础上建造起来的，这里有一个有名的故事，叫做"破镜重圆"。"破镜重圆"跟"里坊"有何关系呢？

▼ 长安古城角楼

　　相传，隋代大军即将统一全国，剩下的只有偏安一隅的南朝。南朝的陈太子舍人徐德言和陈后主的妹妹乐昌公主是夫妻。他们看清了当时的局势，觉得大势已去，他们担心在兵乱中走散，于是把一面镜子摔成两半，每人拿一半，如果两人失散了，便在每年正月十五都城的集市上高价出售，以便取得联系。

　　事情果然如他俩所预料到的，隋代大军势如破竹，陈政权最终灭亡了。两个人失散了，乐昌公主流落到隋朝的都城。正月十五这天，乐昌公主来到集市上高价售卖半面铜镜。人们都以为她疯了，路人用异样的眼光看着她，最终无人问津。她的丈夫徐德言很快知道了这件事，历尽千辛万苦来到了这里，最终两人在都城相逢，谱写了这段"破镜重圆"的佳话。

　　那么，这么大的都城，交通、通信设施也不发达，徐德言如何能顺利找到乐昌公主呢？这就跟隋唐的"里坊"制度有关系了。当时的都城中，除了皇宫和中间的一条主要干道以外，政府将城市规划成了两个部分，一个是供居民居住的"坊"，职能等同于我们现在的居民小区，而另外一个则被规划为"市"，也就是供市民进行商业活动的地区。这个地区相对固定，相当于现在的核心商业区域，即ＣＢＤ。所以借助这样的设置规律，徐德言大大缩小了寻找妻子的范围，并能最终顺利与妻子团聚。

▲ 城墙及护城河

如果没有这么详细的城市区域分工，想来徐德言要从那么大的都城中短时间内找到妻子，几乎是不可能的事情。

到唐朝中期前，长安城的里坊布局更加突出和规整。当时，长安城一共有一百零九个坊，里坊大小不一，如同豆腐块一样。里坊之间有围墙相隔，并设置了门，有的里坊有两个门，有的则有四个门。坊内有十字街道，再次将坊分割成了十六个小块，这样就能通到每个居民的家中了。"坊"里有严格的管理制度，利于封建统治者有效管理。

长安城的商业活动被集中在东、西两市上。东市和西市各有各的不同贸易范围。东市主要针对国内贸易，商铺和手工作坊有一百二十多个。同时长安城是一个国际化的大都市，它的西市被允许与外国人做生意，因此，西市实际上是一个国际贸易中心。

里坊制度的确立时间很早，约产生于春秋至汉代。"里坊"可以理解为把城市按照一定的规矩划分出若干区域。到了三国到唐代，这个制度逐渐进入极盛时期。到了唐代后期，里坊制度受到了冲击，开始出现"坊""市"不分的情况。

总之，唐长安城规划整齐、排列有序，显现出了很高的城市规划水平。

延伸阅读

● 唐长安城中到底有多少"里坊"？

每一次里坊的改变都是政府规划造成的。唐朝长安城中的里坊数量是随着城市的建设不断增减的，历史上出现变化大概有三次。隋代修建大兴城的时候，首先做了一个规划，将大兴城分为一百零九个里坊和两个市。到了唐朝，从高宗到开元时期里坊发生了数量上的变化，增加到了一百一十个里坊和两个市。到了唐玄宗时期，再次发生改变，变回109个里坊、两个市。

宗族坛庙

ZONG ZU TAN MIAO

11 北京天坛为何"杂草"丛生？
建造者为何在声音上大做文章？

    天坛位于原北京城外城的东南部，初建于明朝永乐十八年（1420年），这里是明清两代皇帝的祭天场所。其在中国古建筑中可谓辉煌雄伟，全部面积比故宫还要大一些。这是我国古代最大的一个皇帝祭天建筑群。天坛建筑各具特色，其中的祈年殿是圆形重檐式风格，颇引人注目。那么，如此庄重的祭天场所，周围居然长满了杂草，这是怎么回事？

    据说，在天坛未建之前，这里是一片黄土地，住着很多庄稼人，他们世代在此耕种、生活。有一户姓张的人家，只有母女俩，女孩才十几岁，她的母亲因为长期思念死去的丈夫，结果病倒了，日复一日，身体越来越差。于是，乖巧孝顺的女儿决定出外为母亲寻找治病良药。她小时候听说北山有很好的药材，于是连夜启程前往寻找。

    小姑娘历尽千辛万苦，在很

▼ 天坛全景

多好心人的帮助下终于为母亲找来了一种草药，因为当时她说要给妈妈治病，所以给她指点的人就说这叫益母草。回到家中，母亲吃了这个草药，身体果然逐渐好起来。从此，益母草被移植到这个地方。

后来，皇帝看中了这块地方建造祭天之所。一日，皇帝来视察，发现自己选中的庄重之地周围长满了"杂草"。他马上命人尽快铲除这些"杂草"。这时，一个大臣回禀皇帝："这不是野草，而是龙须菜。皇帝是龙，此为须，如果拔了对皇帝不利啊。"皇帝犹豫了一下，怕真的如此，就没有把这些草除掉。

这个故事仅仅是天坛的一个小插曲。建在"杂草"之地的皇家建筑——北京天坛是一座典型的古代祭祀坛庙，占地达到了二百七十三公顷。整个天坛中，包含着很多著名的建筑，如祈年殿、皇穹宇、圜丘等。其中，名气最大的要数祈年殿了。

极具民族特色的祈年殿位于天坛中心，整个建筑呈矩形，高三十八点二米，直径为二十四点二米，它是我国现存的唯一一座古代名堂式建筑。祈年殿是鎏金宝顶三层出檐的圆形攒尖式屋顶，最上面覆盖着蓝色琉璃瓦，代表"天"，整个建筑则是坐落在汉白玉的基座上。从远处望去，这座建筑恢宏气势，让人自然而然地产生一种肃然起敬的感觉。祈年殿的内部是层层相叠而环接的穹顶式，整个建筑为木结构，没有一块砖石，中间为28根木柱，支撑着整个建筑的重量，最上面殿顶的中央则是"九龙藻井"，非常壮观。祈年殿内的二十八根楠木大柱：里圈四根代表四季，中间十二根代表十二个月，最外圈十二根代表十二个时辰及周天星宿。

除了这个主殿外，还有一处非常有趣的设计，那就是天坛对于声音的专注设计。这些设计中最引人注目的两处是三音石和回音壁。

所谓"回音壁"，其实就是皇穹宇的围墙，墙高为三点七二米，厚零点九米，直径大约六十一点五米，周长达到了一百九十三点二米，围墙的整个弧度设计极为精巧，这对声音的折射形成了有效的保护。一个人站在一端，另一个人即使站在一二百米外的另外一端，贴壁说话，对方都能听得清清楚楚，而且声音变得悠长。这是一种非常有趣的声音折射现象。这些都是建造者们经过精确的计算后建造而成的。正因为这个现象，这段围墙被称为"回音壁"。

另外，三音石的声音设计也非常奇妙。三音石又称三才石，比喻"天、地、人"三才。三音石位于皇穹宇殿门外的轴线甬路上。从殿基须弥座开始的第一、第二和第三块铺路条石就是三音石。站在第一块石板上面向殿内说话，可以听到一次回声。站在第二块石板上面向殿内说话，可以听到两次回声。站在第三块石板上面向殿内说话，可以听到三

▼ 天坛祈年殿

次回声。三音石的第三块石板又称"天闻若雷石"，就是说，站在第三块石板上面向殿内说话，如果大殿仅敞开面对三音石的殿门，而且殿门到殿内正中的神龛之间没有任何障碍物，此时听到的回音尤其响亮，好像是"人间偶语，天闻若雷"。

这些设计都有一定的寓意，意思是人间的一言一行都会被老天听到，所以要行得正、走得端。

天坛，作为我国明清时期皇帝祭天的主要场所，它留给世人的是建筑奇迹，它集古代美学、力学、数学、哲学、历史、生态学于一身，成为中国古代建筑的代表作。

延伸阅读

● 天坛建筑样式是根据《周易》建造的吗？

北京天坛祈年殿是一个圆形建筑，这个圆形设计确实跟中国古代的《周易》有一定的关系。《周易》说："乾为天为圆……"乾卦表示天象，由圆形表示。我国古代讲究"天圆地方"。所以，按照这个理念，为了和上天交流，祭天建筑首选圆形，意思是承天之意。所以，天坛祈年殿遵循的正是这个理念。其他建筑也遵从着这一理念，皇穹宇是圆的，回音壁也是圆的……

12 地坛建筑为什么都是方方正正的？

在北京城里，与天坛辉映的是地坛。地坛又叫方泽坛，位于安定门外东侧。与天坛一样，它也是一座肃穆庄严的皇家坛庙，是明清时期皇帝祭地之所。地坛初建于明代嘉靖九年（1530年），距今已有近五百年历史了。地坛建筑以方为特色，是我国现存的唯一一处皇家祭地建筑。那么，地坛为什么以方正为主要特色呢？

说起地坛的来历，一定绕不开明代的"更定祀典"，正是由于这件事，地坛才得以建造。

明正德十六年（1521年），明武宗去世，这个一生荒淫无度、妻妾成群的皇帝却没有一个子嗣，并且他也没有兄弟，所以武宗最近支的皇室、其堂弟朱厚熜①被立为帝，是为"世宗"。他当上皇帝之后，很想追立自己的父亲为先帝，于是引发了后来的"更定祀典"。

①熜，音cōng，古同"囱"。

当时，祭天和祭地之所是合在一起的。嘉靖九年（1530年）二月，朱厚熜以天地合祀不合古制为理由，召集大臣共五百九十六人讨论郊祀典礼。这些大臣中有八十二人认为应该分祀，有八十四人主张分祀，但是同时也认为合祀已经是既定的礼法，不能轻易更改。另外，有二十六人主张分祀而以山川坛为方丘；二百零六人主张合祀而不以

▼ 地坛牌楼

分祀为非；还有一百九十八人不置可否。朱厚熜坚持自己的观点，让礼部照自己的意见去办。他下旨将南郊的天地坛改为圜丘，专门用来祭天；在北郊选择一处合适的地方，另建方泽，专门用来祭地；在东郊建立一座日坛，在西郊建一座月坛。这件事史称"更定祀典"。

▲ 地坛的拜台

五月，四坛破土动工，十一月，北郊之坛定名为"地坛"。方泽、地坛两个名字共用了很久，并规定：祝文称方泽，公务称地坛。嘉靖十年（1531年）四月，方泽坛落成。

这里成为明清时期皇帝祭地的重要场所，它曾经迎接了十四位皇帝连续长达三百八十一年的祭祀活动。在战争年代曾一度荒芜，新中国政权建立后，这里被改建成了公园。

地坛的整体布局是坐南向北，是以两个四方形坛墙环绕而成。之所以地坛为四方形，是因为自古人们就认为"天圆地方"，同时根据《周易》的推算，因此地坛以方为主。

在地坛中，有一处建筑跟天坛祈年殿的地位相类，称皇祇室。皇祇室的装饰彩绘最引人注目。彩绘是我国建筑装饰艺术的一项独创。这种艺术经过长期发展，到明清时期已相对成熟了。皇祇室中的彩绘的独特之处在于使用了一种"双凤和玺"的形式。"和玺彩绘"①是我国彩绘艺术的最高等级，通常只用在宫殿建筑或者是皇家有关的建筑上。

①这种彩绘主要图案全用龙，并饰以云、火纹饰。

方泽坛是地坛建筑群中最主要的祭祀地点，它是一个两层的台子，平面正方形，上层边长二十点三五米、高一点二八米；下层边长三十五米、高一点二五米。坛四周有方形水渠环绕，名为方泽。祭祀的时候，往水渠里面注水，做成了水绕台子的场景。台子上面铺着方砖，共有一千五百七十二块。

同时，地坛建筑群有很多的植物，树木达到了三点六万株，草坪面积为八点二万平方米，这些树木除了起到美化作用外，也包含着大地植被繁茂、生机勃勃之意。

地坛作为我国明清时期重要的坛庙，一直受到皇家的重视，如今更是焕发着新的生机。

● 为何地坛坛面上方的石块总是双数的？

地坛建筑群中，方泽坛面上的方砖都是双数，中心巨大的石块为三十六块，上台的八圈石块里面是三十六块，外面则是九十二块，下台的也是如此。而总体上，上台有五百四十八块石块，下台则有一千零二十四块石块。这究竟是为什么呢？

原来，这是遵从了中国古代的阴阳学说。中国讲究阴阳，天为阳，地为阴，这祭祀大地的地坛自然就属阴了，另外，我国古代认为单数为阳，双数为阴，因而坛内石砖数目均为双数。

13 孔庙大成殿的盘龙柱举世无双、精美绝伦，为什么皇帝拜祭孔庙的时候要遮住这些柱子呢？

举世闻名的山东曲阜的孔庙大成殿被称为是"东方三大殿"之一（其余两座分别是北京故宫的太和殿和岱庙的天贶①殿）。

①贶，音kuàng，意为"赏赐"。

孔子是我国儒教的开创者。作为儒家思想的宗师，孔子在我国有着极高的地位。曲阜孔庙作为第一座祭祀孔子的庙宇，是按照皇宫规格建造的。

据说，孔子死后第二年，也是公元前478年，鲁哀公下令将孔子的旧宅改建为庙。这是最初的孔庙。此后，历代帝王不断加封孔子封号，孔庙也就不断被扩建、改建。到了清代，雍正皇帝下令对孔庙进行大修，形成了如今的规模。

如今，庙内共有九进院落，以南北为中轴，分左、中、右三路，纵

▲ 孔庙建筑群

长六百三十米，横宽一百四十米，有殿、堂、坛、阁四百六十多间，门坊五十四座，"御碑亭"十三座。

孔庙内的圣迹殿、十三碑亭及大成殿东西两庑，陈列着大量碑碣石刻，特别是这里保存的汉碑，在全国是数量最多的，历代碑刻亦不乏珍品，其碑刻之多仅次西安碑林，所以它有我国第二碑林之称。

最值得一提的是，孔庙大成殿四周环绕着二十八根盘龙柱。这二十八根柱子均为石质，举世无双、精美绝伦。

据说，清朝乾隆年间，皇帝要亲自到孔庙祭祀孔子。在乾隆到来之前，地方官员非常发愁孔庙大成殿四周的这一圈盘龙柱。这些柱子虽是气派，但是龙是天子的象征，只能在天子的宫殿里才能使用，可是柱子又是孔圣人庙中之物，决不能拆除啊。怎么办？思来想去，地方官想出了一个办法——他们把盘龙柱用彩绸包起来，这样既能起到装饰作用，又能躲避皇帝的追问，不至于引起麻烦，可谓一举两得。

乾隆皇帝来到孔庙祭孔的时候，一切都非常顺利，并没有发现盘龙柱有什么特别。可是，就在乾隆皇帝要走的时候，一阵大风刮来，把彩绸刮起来一个角，盘龙柱上的龙脚露了出来，恰巧被乾隆看到了，他便问随行官员那是什么？地方官听到皇帝问话，赶忙说道："万岁爷，这里面是一条野龙，您是真龙天子，两龙相斗必有一伤啊，为了您的龙体安康，就别看了！"

乾隆听了，心里马上就明白了。于是不再多问，转身走

▼ 孔庙大成殿

了。从此，民间就流传了一句话："皇帝看龙，也要隔层布"。

那么，二十八根盘龙柱到底是什么样子呢？

所有的盘龙柱都是整个石块雕刻而成，高约五点九八米，直径达到零点八一米。大成殿前檐的十根龙柱为深浮雕二龙戏珠，这些柱子上的龙均雕刻精美、腾云驾雾，两条龙盘旋而上。十根柱子上的二十条龙各具特色，没有一个雷同，造型异常精美，雕刻玲珑剔透，刀法刚劲有力，龙姿栩栩如生。

在大成殿两侧，还有十八根盘龙柱。这些石柱都是八棱水磨浅雕，上面的龙与殿前的龙略有不同，都是云龙，每个柱子上面共分八面，每一面有九条龙，一根柱子上的龙竟然达到了七十二条，十八根柱子竟然有一千二百九十六条龙。这些龙穿行在云朵之间，升腾而起，颇有气势。再加上其做工细致，雕刻精美，堪称石雕艺术中的精品。这些龙柱比紫禁城里的是有过之而无不及，难怪地方官要遮住龙柱，是怕引来杀身之祸啊。

● 作为"东方三大殿"之一的大成殿有何特色？

　　大成殿是孔庙的正殿，为全庙最高建筑。唐代称文宣王殿，五间。宋代天禧五年（1021年）大修时，移到了今天的位置，并扩为七间。崇宁三年（1104年）宋徽宗取《孟子》："孔子之谓集大成"语义，下诏更名为"大成殿"。清雍正二年（1724年）重建，九脊重檐，黄瓦覆顶，雕梁画栋，八斗藻井饰以金龙和玺彩图，双重飞檐正中竖匾上刻清雍正皇帝御书"大成殿"贴金大字。大成殿高二十四点八米，面阔四十五点六九米，进深二十四点八五米，整个大殿殿基高二点一米，显得气势恢宏。大成殿脊高十三米，是九脊单檐，面阔五间十三米，前面有回廊月台，周围则有汉白玉雕刻的栏杆，里面的八斗藻井非常精美。大成殿不愧是"东方三大殿"之一。

14 乔家大院修建时的梦境之说是指什么？
为何说"皇家有故宫，民宅看乔家"？

在晋中的祁县县城东北十二公里处的乔家堡，有一处颇具明清建筑风格的私家院落乔家大院。整个大院华丽壮观、设计独特。如果从天空中俯瞰，乔家大院的平面恰似一个双"喜"。院落讲究对称美，院中有院、院中有园，布局奇巧，建筑独特。建筑的细节方面可谓是私家住宅中的精品之作。如此精妙的院落，修建时有一个传说。

清初，乔家第一代人逐渐发展壮大，整个乔家越来越兴旺发达，到了乾隆年间，已经是闻名全国的晋商了。天时、地利、人和都有了，乔家大院的建造提上了日程。乔家开始买地造楼。据说，当时在偏院的地方有个五道祠，在祠堂之前有两棵老槐树，长的是奇形怪状，人们都称作"神树"。乔家人得到这块地准备建房的时候，原本打算把庙移走，树没打算移走。可是有一天，乔家的主人乔其美（乔致庸之父）做了个梦，梦见金甲神告诉他："树移活，祠移富，若要两相宜，祠树一齐移。往东四五步，便是树活处。如果移祠不移树，树死人不富……"后来，庙挪走了，树果然没了精神。乔家人一看，很怕得罪了神灵，于是便按照梦中所说，把树移到了往东四五步的位置，又在侧院前修了一座五道祠，这座祠至今还在。同

▼ 乔家大院城
池模型

时，在主院与侧院间建造了一座大型砖雕的土地祠，雕有石山及口衔灵芝的鹿等。土地祠额有四个砖雕狮子和一柄如意，隐喻"四时如意"。祠壁上还有梧桐和松树，六对鹿双双合在一起，寓意"六合通顺"。

梦境之说给乔家大院增加了些许神秘的色彩，但乔家大院确实是一座浸透着传统文化底蕴的北方民居群。

乔家大院位于乔家堡的正中位置，占地面积约为八千七百二十四平方米，建筑面积则有三千八百七十平方米，一共有六个大院，院落之中还套有小院，大概有二十多个小院，房屋总共有三百一十三间。整个院落是三面临街，四周都有高墙，墙高约有三丈，最上面还有女儿墙和瞭望口，这些都使得乔家大院安全又牢固。它的整体建筑是明清风格，同时整个建筑具有相当高的历史研究价值。

乔家大院始建于乾隆二十年（1755年），后来又扩建两次，增修一

▲ 乔家大院实景

次。从开始建造，到形成如今我们看到的规模，时间跨度达到了两百年。不过，每次的扩建和增修都是按照最初的建筑设计、布局进行的。如果参观乔家大院，并不会看出哪些建筑是后来加进来的。

乔家大院的布局和设计让人惊叹。整个建筑布局是一个大大的双"喜"，而在六个院落之间是互相相连的，来回穿梭非常方便，每个院落里的建筑追求的又是一种绝对的对称，这种层层叠叠的建筑，显得非常整齐壮观，且又是那么富丽华贵。另外，在乔家大院的后花园中，竟然没有一草一木，更是值得人们深思、考证了。

应该说，乔家大院的整体建筑风格，对于我国明清时期乃至民国时期的建筑都是一个完美的体现，如此的建筑在民间实属罕见，难怪会有人说道："皇家有故宫，民宅看乔家。"

● 乔家大院的青砖上怎么会有山水、花卉呢？

砖雕在中国民居中是比较常见的一种装饰。乔家大院中，砖雕更是随处可见——壁雕、脊雕、屏雕、扶栏雕。如一院大门上雕有四个狮子，即四狮（时）吐云。二院大门的马头正面为犀牛贺喜，侧面四季花卉。三院大长廊，马头正面麒麟送子，侧面松竹梅兰，又梅兰竹菊。砖雕最早源于东周的瓦当、空心砖及后来汉朝的画像砖。在青砖上雕刻一些代表吉祥的图案或者山水、花卉等美丽的图案，能使本来枯燥呆板的墙壁产生一种艺术的美感。砖雕在清朝时期达到了顶峰，设计已经趋于成熟，青砖上雕刻出山水、花卉成了一种艺术形式。

ZONG ZU TAN MIAO
宗族坛庙

一个会馆占尽全城风光，山陕会馆究竟是怎样的建筑？

晋商闻名全国，在明清时期，晋商更是遍布全国。为了方便晋商在外地行商，他们建立了晋商会馆。有晋商活动的地方就有这样的会馆，会馆的建筑融合了山西的建筑特点，同时综合了其所在地的建筑特色，建成了一座座让世人为之慨叹的建筑杰作。富裕的晋商向来不吝惜金钱，所以，各地的晋商会馆往往比别家的会馆更显富丽堂皇，在细处也是特别注重精雕细琢。

例如，开封的晋商会馆，始建于清朝乾隆年间，后来陕西人加入进

▲ 聊城山陕会馆

047

来，改名为"山陕会馆"，再后来甘肃人又加入进来，便又成了"山陕甘会馆"。虽然加入者越来越多，但是晋商那种富丽堂皇、精雕细刻的风格依然没有减损。会馆中有"三绝"闻名于世，这就是：木雕、石雕、砖雕。在雕刻中，人物往往是栩栩如生，故事选取也是颇为精彩，诸如"八仙过海"等众多题材均有，这些都是明清时期雕刻艺术水平的最高体现。

进入到会馆中，首先看到的是影壁，然后沿甬道往里走，这里面布满了雕刻精品，很多我们熟悉的历史故事被雕刻在石头、砖以及木结构上，穿行其中，仿佛走进了一个历史文化故事画廊。晋商所要传递的其实就是文化这种气息。

▼ 社旗山陕
会馆

在山东聊城，也有一座经典的山陕会馆，这座会馆是一处综合的建筑群落，最大特点便是将会馆和庙宇结合起来。这座会馆建造于乾隆十八年（1753年），会馆坐西面东，南北阔四十三米，东西深七十七米，占地总面积为三千三百一十一平方米。全部建筑加起来一共有一百六十多间。这些建筑虽然很多，但布局非常有序，并不显得拥挤，反而错落有致，别具一格。一些细节之处更多地体现着唐宋时期的风格，雕刻艺术精美、细致，整个山陕会馆俨然就是一座雕刻展览馆。

会馆的建设并不是一朝一夕的，很多地方的山陕会馆建造时间甚至超过了百年，比如河南社旗山的会馆就是如此，从乾隆二十一年（1756年）开始，到光绪十八年（1892年），前后共计一百三十六年，不可谓不长。而这么长的时间也证明了其建筑之精细，正如《创建春秋楼碑记》[①]记载，在兴修过程中"运巨材于楚北，访名匠于天下"，花这样的人力、物力建造一座会馆，怎么会不闻名天下呢！

①该碑记建于清乾隆四十七年（1782年）。

● 堪比五星级宾馆的山陕会馆有什么功能？

一是同乡情谊联系之用；

二是会聚公议之地；

三是维护晋商的利益，使其不受外人欺辱；

四是借助会馆宏伟壮丽的建筑，直接设市，促进商业交流；

五是起到维持公共秩序的作用；

六是为了祭拜神灵而用，会馆内设有很多神灵建筑，方便晋商拜祭；

七是举行各种庆典活动所用，为各地的晋商提供场所；

八是帮助同乡度过困难的一个慈善机构，也就是一个互帮会所。

16 中岳庙
为什么要设置镇庙铁人呢?

　　河南省嵩山南麓的太室山下,有一座中岳庙,这座庙原本是太室山的太室祠,后来改为了中岳庙。这是河南省保存最大、最完整的古代建筑群,整个建筑别具一格,布局严谨。这里离登封4公里,四周群山环绕、景色宜人,红墙黄瓦掩映在绿树之间,颇有古朴风韵。古老的中岳庙的镇庙铁人是庙中的一个亮点。

　　中岳庙崇圣门东侧,站着一排铁人,一共四个,他们握拳振臂、怒目圆睁、高大威猛,这是我国现在保存最好的四个镇库铁人[①],后来又被叫做镇庙铁人。

　　据民间传说,原来的镇库铁人并不是四个,而是八个。北宋末年的时候,金兵南侵,岳飞率领将士与金兵浴血奋战,百姓也积极投身抗击

① 其分布在神库四周,因此称为"镇库铁人"。

▼ 中岳嵩山

金兵的行列。中岳庙中的铁人也受到感染，于是便商量一起去帮助岳飞抗击金兵。一天夜里，他们偷偷跑到山下，要去帮助岳飞。他们在黄河边上找到一个摆渡的，可是要过河只能先摆渡四个人，于是只好先坐上四个，剩下的四个在这里等待。

结果，在小船返回来，要接这四个铁人到对岸的时候，天已经大亮了，中岳庙的人恰在此时赶到河边找到了他们，硬是把他们四个弄回了庙里。因此，这四个铁人只好守在庙里，且都是一幅怒目圆睁、壮志未酬的表情。这个传说让铁人多了些英雄色彩呢。

除了镇库铁人，中岳庙的建筑也非常有特色。它最早建于秦朝，那时候叫做太室祠，为了祭祀中岳神而建。北魏时期，祠堂三次迁址，并改名"中岳庙"，由道教主管。太室祠最早是为了纪念王子晋①而设置

①古代神话人物，即王子乔，周灵王的儿子。

▲ 中岳嵩山

①洞天是道教用语，是指神道居住的名山胜地。

的，被道教称为"第六小洞天"①。

到了清朝，乾隆皇帝又对中岳庙进行了修建，按照北京故宫的布局做了一次大规模的调整，现如今看到的中岳庙就是那个时候修建而成的。

中岳庙中，最为壮观的是中岳大殿。为了祭拜而专门建设的拜台高约一点三二米，边长有十多米，为砖石结构。中岳大殿位于拜台北面，建在高约三米的大月台上，此殿的建筑形制与北京故宫的太和殿相似，面阔九间，进深五间，面积约九百二十平方米，重檐黄瓦，高大雄伟。大殿内部的天花板有彩绘和藻井，据说是柏树根雕，整体细腻，形象逼真。殿内神龛中央坐像是被武则天加封的中岳大帝天中王，像高五米多，姿态雄伟。侍臣、仙童左右分立。神龛外两侧，塑有身穿盔甲，手执金瓜斧，高约六米的镇殿将军，姿态雄伟而又庄重。

● 参拜岳神的地方是一座亭子吗？

在中岳庙中，经"名山第一坊"中华门后，一座八角重檐亭赫然在目。这座亭子的檐坊和雀替②上雕刻着很多的戏曲故事，这些雕件上形象非常逼真。同时，整个建筑造型异常精美，所处的位置也很独特。这里还叫"遥参亭"，主要是供过往游客远远地拜祭之用，而真正要祭拜中岳神，要到中岳大殿中去。

②中国古建筑特色构件之一。宋代称"角替"，清代称"雀替"，又称"插角""托木"。通常被放于建筑横材（梁、枋）与竖材（柱）相交处，作用是缩短梁枋的净跨度，从而增强梁枋的荷载力，减少梁与柱相接处的向下剪力；防止横竖构材间的角度之倾斜。

17 为什么清朝
皇帝格外看重西岳庙？

　　西岳华山脚下，有一个古建筑群，它是专门用来祭祀华山山神的西岳庙，其最早建于汉代，到了清朝受到极为特别的重视。它的建筑古色古香、幽静清新，是一处颇具历史价值的古建筑群，堪称我国珍贵的历史建筑财富。

　　据说，东汉时期，皇帝决定将西岳庙迁址重建，为的是方便祭拜，于是朝廷及地方开始筹备重建事宜。然而，修建的事情却一再耽搁，因

▲ 华山山门

为修建的大臣们都无法确定庙址，大伙寝食难安。

当时正好是酷暑季节，一日，突然风雨大作，天上竟然下起了鹅毛大雪，众人无不惊恐，难道是西岳神发怒了？后来大雪停了，从山上跑下一只兔子，它在雪地上来回奔跑，且路线非常怪异，人们都非常惊奇地看着这只兔子。更令人惊奇的事情发生了，白兔不知不觉地就跑没了，而留在雪地上的竟然是一幅建筑模样的草图，人们这才明白，这是西岳神在帮助修建西岳庙啊，大伙马上将地上的图纸描摹了下来。

修建的过程中，未曾料到的困难又来了——缺少木材。虽然紧靠华山，可是怕伐木声惊扰了天神，没人敢进山。林工们再次犯难了，就在这时，山里传来了砍伐木材的声音，还传来"够了没有"的问话，一个工匠大着胆子说"够了"。忽然一阵电闪雷鸣，伐木声消失了，一大堆木材顺着山坡滚了下来，人们一看木头两头竟然都刻着

▼ 西岳庙匾额

"岳"字。于是，工人们加紧建造，在期限内完成了西岳庙的建设。

这个神话故事中寄予了人们美好的愿望。西岳庙的建设都是当时工匠智慧的结晶，人们在把功劳归于西岳神是对西岳神的尊敬，对大自然的一种敬畏。

西岳庙建筑均为坐北向南，沿着中轴线对称分布，大体分为六个空间，每个空间都是独立的，但却在独立之外又有联系，这就是形成了一个看似独立却又连接在一起的整体，这也是我国古代建筑的一个特色。在这六个空间中，每个空间就类似于

▲ 老照片中的西岳庙

园林中的每个小院，空间的区分是整个西岳庙建筑的不同布局，但整体上，各个空间中的建筑又都类似，美丽而庄重，带有祠堂建设的风格。在华山丛林之中，这些亭台楼阁，掩映于绿色之中，显得尤为神秘幽静，顺山势而建的庙宇楼阁，更是和谐地与自然融合在一起。

清朝的皇帝，尤其从康熙皇帝以后，十分重视对西岳神的礼敬，祭祀活动异常频繁，水灾、旱灾、皇帝即位要礼敬，嫔妃晋后、皇帝有病等等也都要祭告。这样的现象在文化上也是非常有趣的，有待学者进一步考察。

延伸阅读

● 南岳庙中儒、道、佛三教共存是怎么回事？

南岳衡山脚下有一座南岳庙，它是我国南方最大的宫殿建筑群。这里最为奇特的建筑特点便是儒、道、佛三教建筑并存。整个建筑占地面积为9.85万平方米，主体建筑分为九进，这是儒家建筑。而在其东西两边则是八个道观和八个寺庙。南岳庙的正殿是圣帝殿，整个建筑仿照北京故宫太和殿修建，而它却包裹在道观和佛教寺庙之间，不能说不是中国文化包容、博大、融合的一个见证。

18 四川眉山的三苏祠
为什么被称为"岛居"？

"一门父子三词客"指的是我国文学史上的苏洵、苏轼、苏辙三父子，三人均为词人，均在文学界有着非常重要的地位。在他们曾经居住的四川眉山，有一座三人祠堂。这座祠堂建筑典雅古朴，是一处具有文学气息的优雅之地。这座三苏祠曾被人称作是"岛居"，那么一座祠堂缘何成了"岛"呢？

"三苏祠"最先是苏氏父子的居住之地，早在三人之前，苏家的祖先便来到这里定居了。祠堂是后人在苏家的住宅基础上改建而成的，时间大约是在明朝洪武年间（1368—1398年）。三苏之后，这里一直是文人墨客前来祭拜圣贤的地方，一是这里的文化气息非常浓重，二来很多人都是奔着苏家三父子的名气来寻访故居的。三苏祠修建之后，成了一座具有四川特色的园林建筑。整个三苏祠现在占地六万多平方米，园内亭台楼阁、水榭桥堂等一应俱全，再加上绿水青竹的掩映，显得错落有致，所以有"三分水、二分竹"的"岛居"之称。其实这里并不真是岛，只是因为水多，竹林掩映，所以才有了如同在岛上的感觉。

▼ 三苏祠

在三苏祠门口有一幅众人皆知的对联："一门父子三词客，千古文章四大家"。这其实是对苏洵父子的概括，也是对他们文学成就的赞扬。

三苏祠的大门为三檐歇山式屋顶，面阔三间，约为十三米，进深一间，约为五米，房屋的高度大约是七米半。素面台基高约半米，前饰三级垂带式踏道，后饰三级如意式踏道。筒瓦屋面，正脊两端饰鸱吻，垂脊、戗脊饰龙头和卷草式图杂。门楣上悬挂朱底金字横匾，上镌清代大书法家何绍基所书"三苏祠"三个金色大字。从大门看，三苏祠的建造突出的是祠堂主题和浓厚的文学气息。

进入三苏祠里面，映入眼帘的是布局自然

▲ 三苏祠竹林

流畅、设计得当的各种建筑。庭院内看似对称又带着错落有致的美丽，每个建筑都如同特意安置，却又是自然得体地矗立在那里——东侧有水池，池水清清，与其周围的建筑有机结合在一起。在这个位置往北看，通过披风榭看到的是苏东坡雕像。

披风榭是一处独特的建筑，其坐北朝南，重檐歇山式建筑，房子高为十米，面阔和进深都达到了九米，飞檐冲天，房顶是筒瓦覆盖，北面则留有七米宽的门道。不过，这个披风榭也是后来修建的，原来的披风榭由于年代久远已经不存在了。

三苏祠除了颇具四川特色外，更多的是留下了一处建筑文化瑰宝和珍贵的历史文化资料。

● 古代的普通老百姓能私自建造祠堂吗？

祠堂，是我国古代族人祭祀祖先或先贤的场所，"祠堂"最早产生于汉代，大部分都是出现在陵墓的周围，所以称为"墓祠"，朱熹《家礼》中记述了祠堂制度。其实，祠堂是有非常严格制度的，在古代平常老百姓没有私自建造祠堂的权利，到了明代，祠堂才正式允许百姓修建。祠堂的作用有很多，所以祠堂一般建造的比普通百姓的民居大一点。根据家族实力的大小，祠堂的规模也有区别，越大的祠堂，则说明该家族的实力越大。

江南第一名祠罗东舒祠在建设中
为何会停工七十年之久？

　　设计及雕刻一流的罗东舒祠坐落于安徽省黄山市徽州区呈坎村，是徽州现存古祠堂中最著名的一个，也是现存祠堂中规模最大的。它古朴典雅、雄伟美观，集中体现了徽州古建筑的艺术风格，被誉为"江南第一名祠"。

　　罗东舒祠是罗氏族人为供奉他们的先祖罗东舒而建造的。罗东舒生活于宋末元初，是当时的一位著名学者。他不仅学识渊博，待人更是以仁爱著称，当地的人十分尊敬他，尊称他为"东舒先生"。后人为他修

▲ 安徽黟县西递宏村民居

建的"罗东舒祠"就是为了感念他的美好品德。

罗东舒祠于明代嘉靖初年开始修建，整个祠堂坐西朝东，依轴线对称分布，共四进四院，包括照壁、前天井、仪门、拜台、两庑、后天井、后寝及南侧的女祠和杂院等部分。而这座祠堂却有着一段将近百年的坎坷建筑历程。嘉靖十九年（1540年）后寝大殿马上就要完工时，却突然停了下来，直到七十年之后才又开始重新修建，这究竟是为什么呢？

据罗氏后裔推测，罗东舒祠之所以会在中途停工，有一种说法是，在修建祠堂的过程中因为缺少经费才停了下来。而另一种解释是很可能和大殿的建筑规格有关。原来，在祠堂修建时，大殿后寝共有11个开间，罗氏族人为了表达自己对先祖的敬重，竟然在其中的9个开间中使用了只有皇家贵族才能使用的黄色；不仅如此，大殿上有一座透雕"鳌鱼吐水"，这只鳌鱼的鱼头被雕成了龙头。这些设计在等级制度森严的封建社会是越制的。所以，工程被迫停了下来。直到七十年后，才由罗氏后裔罗应鹤，担当下了续建祠堂的工作。

▼ 罗哲文先生题写的罗东舒祠匾额

关于由罗应鹤来续建祠堂还有一个小故事。据说罗应鹤做官的时候，秉性高傲，把谁都不放在眼里，还敢在朝廷上顶撞驸马。他在本职工作中没有太大的失误，皇帝对他不满，却也不好怪罪。直到有一天，罗应鹤接到家父去世的消息，便告老还乡，皇帝巴不得他快点离自己远一点，就送了个人情，封他为定国公，让他回乡修造祠堂。

罗东舒祠占地面积达三千多平方米，可谓规模宏大。整个祠堂从前往后看，一进比一进高，只是在第四进的大殿顶上有后来加盖的一层高四点七米的楼阁，人称"宝纶阁"，这座小小的楼阁也是由罗应鹤续建时加上的，正因为加盖了"宝纶阁"，才保证了整个祠堂的宏伟气势能协调一致。

那么，这个"宝纶阁"是用来干什么的呢？

在祠堂中一块石碑上有如下记载："寝因前人草创，益之以阁，用藏历代恩纶。"意思就是说，这个祠堂中建后寝是前人草创的，在上面建阁，则是由罗应鹤创新的，建造此阁，是用来陈设罗氏家族的各项荣誉的，如圣旨、官诰、皇榜和御赐宝物等，就相当于一个"荣誉陈列室"。

由于宝纶阁和它下面的大殿的特殊关系，文物工作人员在清查文物时，认为"宝纶阁"指的是包括大殿和楼阁这两层的整个建筑，于是他们就在文物名单上将整个祠堂登记为"宝纶阁"，一直到1996年，"罗东舒祠"才得以正名，归还了它本来的名字。

这也算是罗东舒祠历史上的一个有趣的小插曲吧。

● 罗氏家族在古代就提倡男女平等吗？

让人感到惊奇的是，为供奉家族先祖的罗东舒祠内竟有一座名为"则内"的罗氏女祠，它呈不规则长方形，面积不及男祠的十分之一。虽然面积小，但是在妇女低下的封建社会，能为女性设立祠堂，实在是很难得的。尽管如此，在那个年代男女的地位还是不可能真正平等的。一则，这座女性祠堂建在右侧，属卑下之位；二是按照罗氏家规，男性入祠，每年只需交纳八两银子的费用，而女性则要交十两银子。

20 孔府为何被称为"天下第一家"？
孔府建筑如何体现孔子的思想？

　　在孔子的故乡曲阜，有著名的"三孔"：孔府、孔庙、孔林。其中，孔府被称为"天下第一家"，孔府为何有这一称号呢？

　　孔府，又称为"衍圣公府"，是孔子子孙们的官署及居住之地。它始建于宋仁宗宝元年间。孔府占地二百四十多亩，有各式建筑四百八十余间，院落有九进，布局分为东、中、西三路。东路为家庙，是祭祀本家祖先的祠庙；中路分为前后两部，前为官衙，后为住宅；西路为客厅院，是会客之所，是一座集官衙、家庙和内宅于一体的传统建筑。

▼ 山东曲阜孔府建筑群

孔府建筑原来有一百七十多座、五百六十余间，现在存有一百五十二座、四百八十间，其中大门、仪门、大堂、二堂、三堂、内宅门、前上房、迎恩门、家庙等是明代建筑，其他的都是清代建筑。这样规模的院落，我国民间建筑史上是绝无仅有的，所以有人说孔府是仅次于北京故宫的贵族府邸，号称"天下第一家"。

进入孔府，穿过大门、二门之后，有一道特别的门。它四周没有围墙，形同虚设。那么，这座门是做什么用的呢？其实，在古代它是一种荣誉的象征，只有地位高贵的官宦人家才能设立这样的门。因为它

▲ 山东曲阜孔府大门

能把很大的院落分为前后两院，所以又叫"塞门"，而孔府中的这道门上悬挂着明世宗亲颁的"恩赐重光"的匾额，所以又叫"重光门"。重光门不是谁都能过的，它只在皇帝临幸、宣读圣旨或举行隆重祭祀活动时才能打开。

孔府不仅在建筑规模上让人赞叹，它收藏的大批珍贵文物也多为精品。最为著名的有"商周十器"，也称"十供"。这些文物都是清朝皇宫中珍藏的青铜礼器，由清高宗在1771年赏赐给孔府。从这里也能看出清朝统治者对孔子的敬重。孔府中还藏有一座"鎏金千佛曲阜塔"，这座塔是唐代所制，精美异常，价值极高。除此之外，孔府里还有大量的衣、冠、袍、履及名家字画、雕刻作品等，其中的元代"七梁冠"是全

国仅有的一件衣冠藏品，有着极高的历史、文物价值。

孔府中规模庞大的建筑在修建时受到了儒家礼仪的影响，处处留下了儒家宗法制度与伦理观念的烙印。这一点，单从一些厅堂楼宇的名字上就能窥见一斑。比如"一贯堂""忠恕堂""安怀堂"，这些名字都透露着儒学中忠贞、宽容的胸怀和使人安乐的政治理想。而"东学""西学"，既赞扬了孔子为教育业做出的功绩，又表明孔子的子孙继承了诗礼传家、好学重教的理念。

当然，孔子的思想中也有一些保守、封建的思想，这在孔府建筑中也有一定的体现。例如，由于儒家思想提倡男女授受不亲，超过7岁的男孩子就不能再进入孔府内宅，而内宅没有水井，那需要水的时候怎么办呢？于是就在内宅外修了一个水槽，挑水工在外面将水倒入水槽，里面有丫鬟接水。不仅如此，水槽都有九曲之回，为的是防止挑水的男子看见内宅女子的容貌。

延伸阅读

● 孔府中的"贪壁"有什么用处？

孔府内宅大门的内壁上有一幅奇特的画，画中是一只形似麒麟的动物，名字叫"贪"。传说"贪"兽是天界的神兽，怪诞凶恶，生性贪婪，最爱金银财宝，能将它们吞入肚中。它占有了无数的宝物，连八仙的宝贝都被他据为己有。即使这样，他还是不满足，甚至开始对天上的太阳垂涎三尺，最后成了贪得无厌的代表。过去，一些官宦人家常将此画绘在容易看到的地方，借以提醒自己和子孙戒除"贪"念，孔府的这幅"贪"画就是这个作用：告诫子孙洁身自好，不要贪赃枉法。

21 岱庙天贶殿的形制真和皇宫的金銮殿是一样的吗？

"会当凌绝顶，一览众山小"，这是诗圣杜甫描绘的东岳泰山风景。在泰山之上，有一座祭祀泰山神的庙宇，称为"岱庙"。岱庙原来叫做"东岳庙"，又称为"泰庙"，是泰山最大、最完整的古建筑群，也是历代帝王举行封禅大典和祭祀泰山神的地方。

岱庙的具体修建年代不可考，早在秦朝就已经存在，自唐代到清代均有增建、修缮，多年的维护才形成了现在的庞大古建筑群。岱庙的整体布局和宫城相似，外面城墙环绕，四面高墙共开设八道大门，建筑群的四角各修建角楼一座，殿宇修建在高高的台上，中轴堆成，前殿后寝，建筑之间以廊庑相连。天贶殿建于宋代，是岱庙的主殿，殿内供奉泰山神东岳大帝。

历史上关于天贶殿的修建传说带着点冷幽默。宋大中祥符元年（1008年），辽军进犯大宋，在今河南濮阳与宋军开战，宋军兵精粮足，击败辽军，可是懦弱的宋真宗却放弃一举击溃辽军的大好时机，签订了有失国体的"澶渊之

▲ 岱庙天贶殿匾额

盟"，为了掩人耳目，转移百官和百姓的不满，副宰相王钦若策划导演了"天降诏书"的假戏，把屈辱的盟约归罪于天意，天子于同年十月率领群臣车载假天书来到泰山，进行大型祭天仪式，同时把每年六月初六指定为"天贶节"，有失尊严的盟约在祭天的浩荡举动中被遮掩过去。第二年（1009年），宋真宗继续假戏真做，下令在原泰山神殿的基础上修建天贶殿，为自己的谎言和懦弱做永久性纪念。

　　本着谢天赎罪的心理，天贶殿被修筑得和皇宫一般富丽堂皇，规制和天子处理朝政的大殿不相上下。天贶殿建在岱庙仁安门北侧，殿堂的外形和唐宋壁画及画作中所描绘的宫殿外形基本相同，宋代殿堂与明清殿堂在整体轮廓上的差异已经不是很大。殿堂结构按宋代建筑师俞皓的"三段式"分为：台基、屋身、屋顶，这种一屋三分的说法，自俞皓最早提出，被广为引用，并为近代古建筑研究者所使用。

　　岱庙位于泰山南麓，正好位于旧泰城的南门位置，在山与城的中轴线上。岱庙的建筑式样，是按照当时最高规格的帝王宫来修建的。它结构严谨，富丽堂皇，整个建筑总面积达到了近十万平方米，整体建筑都以中轴线为基准，重要建筑全部在中轴线上，其他次要建筑则以对称的形式分布在两侧。

　　天贶殿是岱庙建筑的核心，它建在一个高二点六五米、面积为八百多平方米的石制须弥座

▼ 岱庙牌楼

台基之上，前留露台，露台周围白石雕刻的栏杆曲回环绕，栏杆粗壮古朴，净瓶式望柱柱头雕刻精美图案。整个建筑暗合帝王的"九五之尊"设计，面阔九间，进深五间，顶为重檐庑殿式，下部斗栱承托，殿顶上面覆盖着黄色的琉璃瓦，这些设计使得整个大殿极有气势。正是因为岱庙的规格高、规模大，设计、建造精巧，它与山东孔子故里的孔庙大成殿、北京故宫的太和殿（俗称金銮殿）并称为"东方三大殿"。

● 泰山岱庙中的装饰是道教的吗？

很多人认为，泰山岱庙中的一些建筑装饰均为道教之物，事实真是这样吗？

从建筑本身来说，岱庙的建筑有别于道教建筑，它作为类似于皇帝的宫殿的建筑制式，是有帝王气象的。道教装饰主要是体现一种追求吉祥如意、延年益寿的风格，而岱庙的装饰则明显区别于此，更多的体现的是龙文化，也就是我国古代的帝王文化，也符合泰山神在古代封建政权中的地位，所以，泰山岱庙装饰并不是道教的，而是被皇权化了的装饰。

晋祠圣母殿未用一根钉吗？

"减柱法"是怎么回事？

　　山西太原有一座著名的古代建筑——晋祠，它位于太原市市郊。晋祠最早建于北魏时期，后经过多次修建，形成了如今山水与古建筑融合一体的建筑群落，后人因其景美，将其称为是"小江南"。关于晋祠有一个有趣的历史传说。

　　相传，周武王死后，他的儿子周成王继承了王位，周公开始辅佐周成王议政。一日，周成王和弟弟叔虞玩，他拿着一片梧桐叶对弟弟说："我就拿这个册封你吧。"

　　后来这事情传到了周公的耳朵里，周公告诉成王，要选一个吉日册封，成王却说：我只是闹着玩的，没想当真册封弟弟叔虞。周公告诉成

▼ 晋祠建筑
　示意图

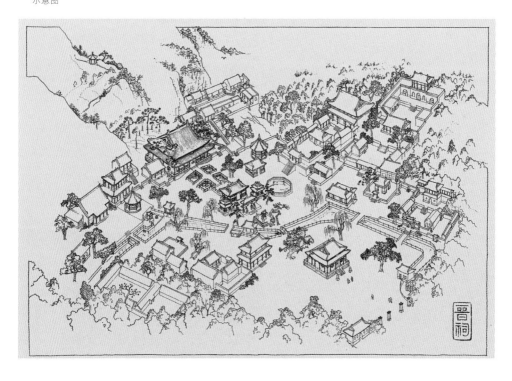

▲ 圣母殿

王，作为君主是不能言而无信的，于是成王听从了周公的意见，正式册封了弟弟叔虞。

而封给叔虞的地方就是唐（在今天的山西省境内）。叔虞来到唐之后，大兴水利，为百姓做了很多的好事，使这里的百姓都过上了安居乐业的生活。后来，叔虞的儿子看到晋水养育着这里的人民，于是就把这里改成了晋国。人们为了纪念叔虞，就在晋水的源头建立了一座祠庙，这就是晋祠。

晋祠的建筑布局由中、北、南三部分构成，中部为其建筑核心，南部则是亭台楼榭，一片江南风光，而北部则有叔虞祠等。在这些建筑中，最为重要、也是最有名的要数为周成王和弟弟叔虞之母邑姜修建的规模宏大的圣母殿。

圣母殿，建于北宋初年，其代表了北宋最高的建筑水平，有很高的科技含量。圣母殿在整个晋祠的中轴线末端，背靠悬瓮山，前面是鱼沼，大殿高达十九米，为重檐歇山顶，面宽七间，进深六间，从平面来看，整体呈一个方形。

在圣母殿的建造过程中，最为让人称奇的便是它竟没有用一根铁钉，但是整个建筑却依然非常牢固。之所以如此，是因为使用了古代的榫卯结构。在立柱底部中间有碗口大的凸起，与柱础凹陷吻合，柱子上边也与各种木构件插接在一起，整个大殿就像一堆接插摆放的积木，虽然看似简单，但却非常牢固。这样的建筑，缓解了本身建筑的刚性，而增加了其柔性，在遇到大的灾害的时候，这些部件吸收了部分破坏力，从而起到保护建筑的作用。

当然，除了这些小部件，另外一个吸引人的特点便是圣母殿的建筑采用的是减柱法，整个大殿内减去了十二根立柱，外面则减去四根。从空间上来看，殿内中心部位没有一根立柱，使得殿内的空间扩大了，但是整体的结构却并没有破坏，这些本应该有立柱支撑的重量都落到了周边的立柱上，分散的重量并不等于敷衍了事，这是中国古建筑的一个特色。另外，圣母殿柱高的比例、斗栱的规格、用材的标准、屋架的举折、出檐的长短、台阶的高低，都与宋代《营造法式》吻合，这些保证了建筑的稳固性。

● "鱼沼飞梁"为何称为"建筑史上的孤例"？

位于圣母殿前面的水池上的"鱼沼飞梁"是晋祠中一处经典的建筑，其实它是一座精良的古桥，距今已经有一千五百年了。整个梁架建于宋代，而这种十字结构的梁架是非常罕见的。因为在水池中鱼有很多，所以称为鱼沼，而桥面作十字形，东西长十九点六米，宽五米，高出地面一点三米，前后与献殿和圣母殿相接。南北桥面长十九点五米，宽三点八米，左右下斜连到沼岸，"架桥为座，若飞也"，整个桥体的造型像一只展翅飞翔的大鸟，所以称"飞梁"。古代的桥梁大多呈现一字形，十字形的桥梁极为罕见，因而"鱼沼飞梁"才成为"建筑史上的孤例"。

历代陵墓

LI DAI LING MU

黄帝陵前"文武官员至此下马"石碑跟朱元璋有什么关系？

黄帝是中华民族的人文初祖，他种植百谷，大兴农业，创立衣冠制度，发明舟车及指南车……大约在公元前二千五百九九年，黄帝去世了。后世的人们为了纪念他，在今天的陕西黄陵县城北桥山建造了一座黄帝的陵墓，古称"桥陵"，后来这里成为历代帝王和著名人士祭祀黄帝的场所，因而黄帝陵又被称为"天下第一陵"。从唐朝代宗往后，历代王朝都会举行大型的祭祀活动。这里是中华民族的圣地，甚至被世人誉为"东方麦加"。

黄帝对中华民族做出了众多的杰出贡献，因此关于黄帝的传说有很多，连黄帝陵前的石碑都有很多有趣的故事呢。

来到这里祭拜的人们，都会发现黄帝陵前有一座"文武官员至此下马"石碑，它有什么不寻常的来历吗？

据说，原本黄帝陵前并没有这座石碑。桥山当地有一个叫史可霍的人，是当地知府的儿子。此人仗着父亲是当地的大官，无恶不作，因此人们都叫他"死可恶"。

▼ 黄帝像

有一天，他出来打猎，追赶一群鹿一直到了黄帝陵，正要捕杀这群鹿时，突然，守护陵园的老翁姬老童正好撞见，制止了史可霍的行为，并告诉他在黄帝陵里不可以捕杀鹿群。这个史可霍见是一个老头，哪里放在眼里，说道："老爷我是史可霍，我爹是知府，我愿意在哪里捕杀就在哪里捕杀。"这一句把姬老童给气火了，二话不说，一拳把这个"死可恶"打下马来，然后一个扫堂腿，这个"死可恶"脸朝地摔在了地上，牙也碰掉了，吓得连滚带爬跑掉了。

　　回到家里，他哭诉了一番，知府一听，马上写信要求中部县（今黄陵县）的县令严惩守陵人姬老童，可是这位县令看到信后，并没有按照指示做出处理，他写信给皇帝痛陈知府父子的恶行。这封信被皇帝看到并引起了重视。皇帝下令调查知府，并要求保护好黄帝陵墓：所有人来到黄帝陵墓，必须恭敬有加，切不可放肆。到了明代朱元璋时期，皇帝下旨专门在黄帝陵前立下了这块石碑，上写："文武官员至此下马"，提示所有人来到这里，必须要庄重肃穆，不得玩笑。这就是关于这块石碑由来的一个有趣的小故事。

　　作为帝王陵墓，黄帝陵的建造很有特点。黄帝生前主要活动在我国的黄土高原地区，所以他的陵寝最终选择在黄陵县桥山之巅，为的是让他时刻关注着自己曾经生活的土地。

　　整个黄帝陵范围非常大，并且风水奇佳，有山有水——整个陵墓处

▲ 黄帝墓

在一个山体雄厚而又有流水环绕的地方。山上有四季常青的古柏，数量达到了八万多棵。从远处看去，整个山上郁郁葱葱，一片苍绿之色。传说这里的古柏中还有黄帝亲手栽种的呢。

黄帝的陵冢高三点六米，周长为四十八米，周围用青砖花墙绕冢一周，显得非常有气魄。在陵冢的前方则出现一个小亭子，这是祭亭。陵墓前方正南，有一做高二十余米的高台，这是后世祭祀用的祭台，是汉武帝时所建。除了陵冢以外，还有专门用来供奉的黄帝庙。如今，黄帝庙前又建造了一个非常大的广场，面积达到了一万平方米。

广场北端为轩辕桥，宽八点六米、长六十六米、高六点一五米，全桥共九跨。整个桥面上有非常多的艺术雕刻，气势非凡。桥的下面是印池，这个水池的蓄水量非常大，能够蓄水四十六万立方米，在黄土高原上这显得格外难能可贵，而最后连接的是龙尾道，有九十五个台阶，表示黄帝的"九五之尊"。

这是整个黄帝陵的全景，作为中华民族的象征，黄帝陵有着不可比拟的地位，虽然它并不是最大最恢宏的，但却是最有象征意义的。

延伸阅读

● 人们为什么称天子为"九五之尊"？

在古代，人们往往称天子为"九五之尊"。关于它的来历，一般来说有这样两种观点：一种观点认为，传统的道家思想中，数字也有阴阳之分，偶数为阴，奇数为阳，阳数中九最大，引申为地位最高，而五位居正中，所以人们就用"九""五"两个数字来象征天子的至上权威，演变为"九五之尊"；而另一种观点则认为"九五"一词源于《易经》。六十四卦的首卦为"乾"，代表天。乾卦由六条阳爻组成，是极阳、极盛之相。从下向上数，第五爻称为"九五"："九五，飞龙在天，利见大人。"因而"九五"成为乾卦中最好的爻。作为天地之子的皇帝就借用了这个说法，称为"九五之尊"。

中国上古时代崇尚的 "墓而不坟" 是怎么回事？

众所周知，孔子是我国春秋末期一位伟大的教育家和思想家，他去世之后，他的学生子贡、子路等人将自己的恩师葬在了泗水河畔，孔子墓位于如今的孔林里。孔子墓西的三间西屋为子贡庐墓处。孔子死后，众弟子守墓三年，相诀而去，独子贡在此又守三年。后人为纪念此事，建屋三间，立碑一座，题为"子贡庐墓处。"

当初孔子被下葬后，他的弟子们在孔子的墓地上筑起了马鬣形状的

▼ 孔子墓

封土堆，并在墓周围栽种了很多树木，子贡曾亲手植下一棵楷树。如今的孔林里有大大小小孔子后世子孙的坟冢十万余座，树木达到了十万余株。但是，孔子父母的墓地却不在这里，他寻找父亲墓地还有一个有趣的故事。

中国传统丧葬是实行土葬，土葬必有坟墓。但是"坟"和"墓"最早不是一回事，在我国上古时期，古人崇尚"墓而不坟"。这是什么意思呢？它是指按照古礼，将死去的人入土后，并不筑起坟头，即只墓不坟。《礼记·檀弓上》引用孔子的话说"古也墓而不坟"。郑玄对这句话的注释是："墓为兆域，今之封茔也。……土之高者曰坟。"实施土葬，要把死者安放在棺木中，然后把棺木埋入土穴，埋棺之处叫做墓，也叫做茔，墓地范围以内叫兆域。在墓地埋棺之处地面上堆土成丘，叫做坟，也叫做冢。也就是说，墓指平处，坟为高处，所以汉代学者特别提到"葬而无坟谓之墓"。《易·系辞下》还记载：上古墓葬"不封不树"，就是说墓地没有坟堆，也不栽树做标记。这样的制度有一个弊端

▼ 孔林"万古长春"牌坊

就是，先人去世后，后人不容易找到墓地。当年的孔子就遇到了这样的难题。

孔子十六七岁时，母亲颜征在去世了。孔子非常崇尚礼仪。他决定按照古礼将父母合葬。但是，父亲叔梁纥①去世时，孔子才三岁。他根本不知道父亲葬在哪里，而母亲生前也没有告诉过他。

于是，孔子遵照古礼，将母亲的棺柩暂厝在"五父之衢"（即一处叫"五父"的十字路口）。他开始四处打听父亲的确切葬址。不久，陬②地的一位车夫的母亲特意赶到阙里，将她所知道的叔梁纥的葬处告诉了孔子。孔子在老人的指点下，将母亲与父亲合葬在一起。具体位置是在曲阜城东十三公里处的防山北麓，后世人称作"梁公林"。

因为费劲心力才找到父亲的葬地，孔子不想日后再费力寻找父母的墓地，于是他依照其他地方的习惯，在墓上堆起一个坟头。从文献记载来看，中原地区的土丘坟在春秋中期已经出现，并有了一定程度的流行。《礼记·檀弓上》记载孔子去世后，有人从燕国赶来观摩葬礼。孔子的弟子子夏对客人追述了孔子生前的一段话："吾见封之若堂者矣，见若坊者矣，见若覆夏屋者矣，见若斧者矣。从若斧者焉，马鬣封之谓也。"也就是说孔子曾经见到过四种不同形状的土丘坟：坟头有的呈四方形高高隆起，就像堂基；有的狭长陡峭而上平，就像堤坝；有的宽广低矮，中间稍高，就像覆盖的门檐；有的薄削而长，就像斧刃。像斧刃的那种，俗名又叫马鬣封，因其形状与马颈上的鬣毛相似。孔子是主张把坟头修得像斧刃状的，可能因为这种坟头最省工。

孔林作为现今保存最好的宗族墓地，之所以有今天的规模，与历代帝王对孔子的尊崇有关。同时，随着"墓而不坟"制度的打破，坟堆的大小、形状逐渐被赋予了等级内涵。

到了秦汉时期，"墓而不坟"的习俗彻底结束，所有的墓地都是有墓有坟，并且栽有树木。东汉桓帝永寿三年，鲁相韩勅修孔墓，在墓前造神门一间，在东南又造斋宿一间，以吴初等若干户供孔墓洒扫，当时的孔林"地不过一顷"，规模仍然不是很大。到南北朝时期，开始在孔林植树，达到了六百棵。时间推移到了宋朝，先是在孔子墓前修建了

①纥，音hé，孔子生父的名。叔梁为字。

②陬，音zōu。

石仪，又给孔林修建了林墙，将整个孔林围了起来，然后在林墙之上开了墙门，方便进出。到了明朝时期，孔林再一次扩建，达到了三千亩。而到了清朝，政府专门拨了专款进行修建，并且还专门派了官员来此守卫。

孔林到底经过了多少次大修呢？据统计和记载，从汉代开始，孔林一共被重修过十三次，扩充种植树木五次，而扩大林区则有三次。到达了现在的规模，整个林墙达到了七点二五公里，而面积则有两平方公里，它比曲阜城还要大。

从曲阜城到孔林首先要经过的是神道，道中巍然屹立着一座万古长春坊。这是一座六楹精雕的石坊，其支撑的六根石柱上，两面蹲踞着十二个神态不同的石狮子。而从至圣林门，往西走大约两百米，就来到了一座雕刻精美的石坊。这里是洙水所在，人们为了纪念孔子，便在河水之上修建了洙水桥，桥上的雕刻极为精美。

整个孔林的建筑构造，中间以坟墓为主，周围主要是树林，林子里面的一些比较有艺术特色的建筑都掩映在绿树中间。人们置身孔林，感受到的是流淌千年的文化之水。

● "马鬣封"到底是怎么回事？

所谓"马鬣"，指的是马脖子上的一排长毛，而"马鬣封"指的就是形状如此的封土堆，在孔子墓修建之前，这是一种很普通的丧葬形式，而自从孔子墓采用"马鬣封"之后，它就逐渐成了一种尊贵的筑墓形式。孔子墓的"马鬣封"布局还有特殊的含义呢，原来，孔子墓的东面是他的儿子孔鲤的墓，南面是其孙子孔伋之墓，这种布局形式被称为"携子抱孙"，以寓意"怀子抱孙，世代出功勋"，"父在子怀，富贵永远来"。

作为世界上最大的地下皇陵，秦始皇陵为什么坐西朝东？

秦始皇嬴政统一六国，建立了中国第一个封建王朝，并给后人留下了兵马俑、万里长城等举世之作。除了这些，秦始皇身后还有一座千百年来未能让世人一探究竟的始皇陵。

秦始皇陵在陕西临潼县东约五公里的骊山北麓。它是从公元前247年（即秦始皇十二岁即位时）就开始修建的，直至公元前208年为止，达三十九年之久。

秦始皇陵墓规模宏大，背靠骊山，面临渭水。皇陵分内外两城，南部是陵园的中心，尚保存高七十六米、底四百八十五米乘五百一十五米的夯土陵丘。内城方形，周长二千五百二十五点四米，外城长方形，周长六千二百九十四米。它的面积，当地人传为九顷十八亩，大概是取"久久"吉祥之意。1974年，在外城以东一千二百二十五米处，发现三个兵马俑坑，1980年，在陵冢西约五百米处，发现大量胥役墓坑，每坑

▲秦始皇陵

二至四人，大都屈肢埋葬。

修筑秦始皇陵，是一个巨大的工程，物力、人力、财力消耗都极大。修筑陵墓所需的大量材料要由四川、湖北等地运输，其间动用的人力难以估量。同时骊山的河渠本是由南向北，为防止河水冲击，保障陵墓安全，需大量的劳役改变河流，使其向东西流，同时骊山多系土山，石料缺乏，大量石料需由渭北诸山采运，当时有歌谣："运石甘泉口，渭水不敢流。千人一唱，万人相钩。"其工程之大可以想象。《史记·秦始皇本纪》对此有着具体记载："九月，葬始皇骊山。始皇初即位，穿治骊山，及并天下，天下徒送诣七十余万人。穿三泉，下铜而致椁，宫观百官，奇器珍怪，徙臧满之。令匠作机弩矢，有所穿近者辄射之。以水银为百川江河大海，机相灌输，上具天文，下具地理。以人鱼膏为烛，度不灭者久之。二世曰：'先帝后宫非有子者，出焉不宜。'皆令从死，死者甚众。葬既已下，或言工匠为机，臧皆知之，臧重即泄。大事毕，已臧，闭中羡。下外羡门，尽闭工匠臧者，无复出者，树草木以

▼ 秦始皇兵马俑

象山。"修筑这样一个大型的工程，所需役力人数是巨大的，有人说修造者是秦国的刑徒，显然人数是不够的。除此之外，还应有农民、少量的军功地主、以劳役抵债的奴婢及其他不明身份的人。

关于秦始皇陵，尚有许多问题至今不能揭晓，如秦始皇陵的朝向为什么是正东方。

根据考古勘探以及对墓道兵马俑位置的判断，陵墓的朝向为坐西向东，这是一个奇特的布局。众所周知，我国古代以朝南的位置为尊，帝王即位常称"南面称孤"，"南面"也就是面朝南的意思。历代帝王的陵墓基本上都是坐北朝南的格局，而统一天下的秦始皇，为什么愿意坐西向东呢?

著名学者杨宽认为："陵园整个朝向东方，在东方正中设有大道和东门阙，因为按照礼制是以东向为尊的。陵园的东门大道，相当于后世陵园的'神道'，是整个陵园的主要通道。""秦始皇创设第一个皇帝的陵园，并不是凭空设计的。他有战国时代各国君王的陵寝作为蓝图"，也是"按当时国都咸阳设计的"。秦始皇陵的布局"对西汉诸帝陵园发生了直接的影响。西汉陵园的布局有许多方面是沿袭秦的礼制的"。赞同这种说法者都认为秦汉之际的礼俗决定了陵墓的朝向。《礼仪·士冠礼》云"主人东面答拜，乃宿宾"。

▲跪俑

《史记·项羽本纪》记载鸿门宴时，"项王、项伯东向坐，亚父南向坐，沛公北向坐，张良西向侍"。这都说明，战国到秦汉时期，主人是朝东坐的。秦始皇生前是天下共主，死后的陵墓便理所当然是要坐西向东的。

有人认为秦国本偏西隅，建陵向东的目的是为了表示自己征服东方六国的雄心。全国统一后，陵还在继续修，但布局朝向没有改变，这主要是为了使自己死后仍能注视着原来的东方六国之地，以防有人东山再起。但这种说法多少有点牵强。

另有一种说法认为秦始皇除了要显示雄踞天下的威风之外，也可能因为他仍然在祈求生死轮回，寻求神仙境界。生前无法觅到不死的秘方，死后也要闭着双目瞻瞩东溟，以求神仙引渡天国。秦始皇为长生不老，出巡到琅琊，命方士求仙取药，派徐福带童男童女数千人入海求仙，并多次亲自出巡，东临碣石，南达会稽，在琅琊、芝罘一带流连忘返。他自己多次东巡，仍无法到达日夜思念的仙境，最终仍不能违背生老病死的客观规律，还是得病而死。徐福没有回来，仙药也没有求到，秦始皇心里感到十分遗憾，死后他也要面朝东方，求神仙把他引导进天国。

有人发现不仅仅是秦始皇陵，秦国其他的墓葬大多是坐西向东的。考古发掘证实越是秦国早期的墓葬，几乎全是朝着这个方向。有学者认为秦人的祖先来自东方，他们对自己曾经劳动和生活过的地方怀有特殊的感情。然而路途遥远，中间相隔了许多敌对的国家，他们很难回到自己原来的家园。死后，他们只能以这种方式来表达自己叶落归根之情。但部分专家对秦人的祖先来自东方不以为然，认为秦人的祖先来自西方，之所以他们要采用头朝西方的葬俗，主要是寓意他们的祖先是从那儿过来的。

也有人认为甘肃地区曾流行过屈肢葬，这与当地的古文化和某种原始宗教信仰有关。秦人的西首向东的葬法，应该与他们的民族特性相关。

● 秦始皇兵马俑为什么不戴头盔?

很多见过兵马俑的人都有这样的疑问：这些驰骋沙场的勇士们怎么都不戴头盔呢？大部分的陶俑只在头部扎着头巾，军官模样的人也只是带着牛皮样的小帽，不仅如此，他们身上的铠甲也非常少，仅仅能护住前胸后背。这样奇怪的现象，有人认为，与秦朝当时的社会风气是有密切的关系的。当时的人推崇武力，以能在战场上杀敌立功为最大的荣耀，所以，他们为了表现自己的勇敢和立大功，就不戴头盔，并且尽量减少铠甲甲片的数量。当然，这也是人们的猜测。

26 汉武帝茂陵旁边为何有一座 "状如祁连山" 的大墓？

汉武帝是中国历史上一位赫赫有名的皇帝，他广聚人才、励精图治，他的王朝国力强盛。好大喜功的汉武帝也同秦始皇一样，大兴土木，在陵墓上花了不少心思。

但是，与其他皇帝不同的是，在汉武帝刘彻的茂陵旁边，有一座非常恢宏的陪葬墓，它的形状如同祁连山一样。作为盛世帝王，汉武帝为何能容忍陪葬墓有这样的气势呢？

原来，这座大墓是大将军霍去病的。霍去病当年是汉武帝非常喜爱的将领之一，霍去病十八岁开始率军出去打仗，一生经历了六次大的战役，全部获得了胜利，是一位名副其实的常胜将军。在他的努力下，汉朝政府打败了匈奴，取得了与西域各国的联系，保障了丝绸之路的开通，因为这些赫赫战功，他被封为大司马骠骑将军。可惜天妒英才，公元前117年，霍去病因病去世，年仅二十四岁。汉武帝刘彻悲痛欲绝，他决定为霍去病修建一座墓，地址就选在了自己茂陵的旁边，紧紧挨着自己的墓地。由于霍去病对国家的巨大贡献，以及在战争中获得的功绩，汉武帝决定要修建一座"冢如祁连山"的墓。

其实，在汉武帝的茂陵旁边，不仅仅有霍去病的陪葬墓，还有诸如：卫青、李夫人、霍光、平阳公主等人的陵墓，一共大概有三十座，形成了一个陪陵墓群，显得非常有气势。

▲汉武帝像

汉武帝不仅用陪陵显示自己的威仪，当初修建茂陵也是下足了功夫，它跟秦始皇的陵墓一样，耗费了大量的人、财、物。从公元前139年开始，茂陵前后修建达五十三年，而汉武帝在位才五十四年，也就是说，从他开始当上皇帝的第二年开始，他就为自己修建陵墓了。

修建这么长的时间，也能看出陵墓规模之大。据记载："陵封土高四十六点五米，顶端东西长三十九点二五米，南北宽四十点六米，底边长东边三百四十三米，西边二百三十八米，南边二百三十九米，北边二百四十三米；总占地面积五万六千八百七十八平方米。整个陵园园区占地合六十万平方米以上。"在二十世纪四十年代，曾经有一位美国飞行员飞过茂陵，他被这群宏伟的建筑震撼了。

据史载，建造茂陵时，汉武帝将天下赋税一分为三，其中的三分之一用来建造自己的陵墓。在建造过程中，他征集的除了民工以外，技艺精湛的工匠、艺术大师等就达到了三千多人。而地址的选择也是颇有神话色彩，据说当时汉武帝刘彻在茂乡打猎的时候，看到了一只麒麟一样的动物和一棵长生果树，于是他认为这里是个风水宝地，所以把陵址定在此地。

▼ 汉武帝茂陵

从布局上看，汉武帝的帝陵位于茂陵陵园中心位置，有内、外两重园墙，而茂陵的墓葬形制为"亞"字形，在封土四面正中位置各有一条墓道，平面均为梯形。茂陵的防盗措施做得很到位，内部机关重重叠叠，虽然经历了多次盗墓，但可以肯定的是，它的内部依然保存完好。

● 汉代帝王为何热衷"金缕玉衣"？

　　玉衣是汉代帝王和贵族下葬时穿着的殓服，它由玉片编成，形状与人体相合，根据死者生前地位等级的不同，穿玉片用的材料有金线、银线、铜线之分。一般来说，皇帝和一些重臣的玉衣用金线编成，称为"金缕玉衣"，而其他的贵族和大臣的玉衣则用银线和铜线串成。当时的人们都认为玉衣可以保护尸体不腐烂，并且能显示死者地位的尊贵，所以，这种丧葬习俗被汉代的帝王贵族们普遍采用。目前，我国目前最精美的一件金缕玉衣是汉代中山靖王刘胜所穿的，出土于河北省满城汉墓，其玉片之多，质量之高都是其他玉衣难以企及。这件玉衣现藏于河北省博物馆。

27 武则天墓前为什么要立一块"无字碑"？

在我国陕西省乾县北面梁山上，有一座我国唯一的古代帝王夫妇合葬墓穴，这就是赫赫有名的武则天和她的丈夫唐高宗的乾陵。

说起乾陵，高高矗立的武则天"无字碑"让人印象深刻。据清乾隆年间的《雍州金石记》记载："碑侧镌龙凤形，其面及阴俱无字。"对于"无字碑"因何无字，依然如谜。究竟武则天想要表达什么？为何立碑却不留字呢？

关于武则天的"无字碑"无字的原因，历史上有五种说法：

第一种说法是说武则天觉得自己功劳太大，没法用语言表达了；

第二种说法则相反，认为自己罪孽深重不能说了；

第三种说法是自己不便评价自己，留给后来人评论自己的是非功过；

第四种说法是因为她当过皇后和皇帝，没法给自己一个具体的定位，所以就不刻碑了；

第五种说法是人们传说她信佛，而佛教讲究万事皆空，所以碑不留字。

不过，这些都是人们主观猜测的，谁也没有确实的证据来证明这几种说法哪种更对，所以，"无字碑"还是一个谜。

▼ 武则天像

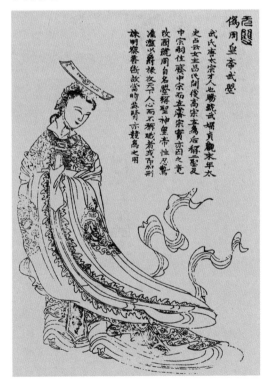

相对来说，还有另外两种说法听起来略微靠谱。

第一种说法是，武则天死后，她的儿子中宗李显不能公开去埋怨自己的母亲，又不想为自己的母亲歌功颂德，况且朝臣中对武则天的一生也是议论纷纷，没有了主意的李显最终决定干脆不给母亲刻字了，立一个无字碑。而且，当时的政治局势也颇为混乱，实在没时间去考虑这个复杂的问题，所以就留下了一个空碑。

还有另外一种说法是，碑上本来刻上了字，只不过后来李唐子孙恢复了权力后，实在气愤不过，又硬生生把字给抹平了，人为改成了无字碑。

那么，古人为什么要在墓前立碑呢？这块特殊的石头有什么来历吗？

我国古人去世之后，后人往往都会立下一块石碑，不管有字无字，是一种纪念形式，一直延续到今。

其实，最早的石碑并不是用来刻字的，主要是用来将棺材放入墓穴，材质也不是石头，而是木头。最初，为了

▲ 武则天无字碑

将棺材放入墓穴，就在墓穴两旁立上两个木柱，木柱上有两个孔，称为"穿"，然后从这两个孔中间穿过一根木柱，绕上绳子，下葬时，将棺材引入墓穴，然后将木柱或埋进墓穴，或立于墓的旁边。春秋时期，这些木柱的数量是有不同的，天子比较多，达到了四根。而到了战国时期，周天子开始用石碑。战国末期，诸侯也开始用石碑，不过功能仍然未变，还是与原来相同，并不刻字。等到了汉代，石碑上开始刻字，以纪念死去的人，从此，就逐渐演变成墓碑，并开始成为一种固定的形式。

关于立碑，也有很多的讲究。其一，中国古人比较在意风水，朝向和时间很重要。其二，安葬的时候，是先下葬后立碑。这也是有原因的：一是防止立碑后地面陷落，二是给家人留出写碑文的时间，就连帝王之家也是这样的，例如康熙皇帝下葬五年后，后人才在他的陵寝前立碑。

在墓碑制作的时候，也会受到传统风水之说限制，人们往往用"风水尺"来裁定，而南方则有的用"丁兰尺"来裁定。其实，无论如何裁定，都是后人们图一个吉利而已。往往不同的尺度就代表了不同的含义，如平安、富贵等等。值得一提的是，神道碑也是一种墓碑，始于汉代，至六朝时，天子和诸侯可立神道碑，后来，普通官吏也被默许使用。它立于陵墓神道上，用于记载死者生前事迹。

● 泰山上的无字碑是何人所立？

历史上的无字碑不是武则天一人的专利，在山东泰山的玉皇殿门外也有一座无字碑，它呈长方形，石质古朴，上面也是空无一字。关于这座无字碑的来历，众说纷纭。有人说是秦始皇所立，有人说是汉武帝刘彻所立，更有甚者，竟说这块石碑也是武则天所立，然而不管哪一种观点，都缺少确切的证据，只能是推测而已。而现在，有人在碑上发现了几个极为隐秘的小字"帝""震""极"，这更为这座历经风雨的石碑蒙上了一层神秘的色彩。

28 "箭落选址" 的宋陵是如何建造的?

宋陵，指的是北宋皇陵，它位于河南省巩义市嵩山北麓与洛河间的丘陵和平地上。南有嵩山，北有黄河，依山傍水，着实是一块风水极佳的宝地。这里埋葬着包括赵匡胤在内的七个北宋皇帝和赵匡胤的父亲，因此被人们称为"七帝八陵"。同时，这里还有陪葬的皇后陵、亲王陵、大臣陵等两百多座陵墓，可谓是一个庞大的陵墓群。但是，宋陵为什么要建造在巩县呢？这里面有一个"箭落选址"的故事。

公元960年，宋朝开国之君赵匡胤发动"陈桥兵变"，从后周手里夺得天下。赵匡胤本是后周大将，他的父亲也是一位骁将，长年驻扎在洛阳，赵匡胤的童年就是在洛阳度过的。在开宝九年的时候，赵匡胤巡视到了故地洛阳。来到了儿时生活的地方，他感慨万千。

返回汴梁的时候，他顺道去祭奠了父亲的永安陵。在父亲陵园陵墙的角楼上，他极目远眺，看到远

▲ 赵匡胤像

处的莽莽嵩山、滔滔黄河水，感到世事无常。他拿出弓箭，往西北方向射出一支箭，然后感叹道："人这一生如白驹过隙，终归是要叶落归根，今天我箭射到的地方就是我将来长眠的地方。"回到汴梁，刚刚五十的赵匡胤于当年的十月二十日去世。而他安葬的地方，便是当初他箭落之地。

当然，皇帝选择陵墓显然不能这么简单，不是射一箭就能决定的，之所以选在这个地方，也有赵匡胤想"叶落归根"，尽一份孝心的意思。

北宋皇陵的建筑结构和布局大体相同，都是坐北朝南，每个陵区都由上宫、下宫、皇后陵和王室子孙墓构成，其中上宫是建筑里面的重中之重。

①椁，古代套在棺材外面的大棺材，棺与椁连用泛指棺材。

上宫中，包括了陵台，陵台下面有地宫，地宫里是皇帝的棺椁①安放之所，上宫陵台是陵园的中心。陵台都是分为三层，呈覆斗形，上面按照规矩都会种植一些松柏，这些万年长青的植物起了很好的点缀作用。北宋皇陵的地宫规模非常宏大，深的地方能达到二十多米，甚至三十米，地宫内都是由青砖砌成，建筑形式按照地面上的宫殿建造，墙上还绘有各种图案，体现了皇家至上、荣华不减的帝王待遇。

陵园内还设有下宫。下宫的作用是停放皇帝陵寝和供送葬的官员们

▼ 陵园神道

居住。在上宫和下宫的周围，还有一道神墙包围着，一般称为宫城，这道神墙高约十几米，格外庄重肃穆。

通往陵园的道路称为神道。在宋陵神道两旁，同其他帝王陵墓一样设有很多石象生，这些石象生虽然形态各异，但数量都是五十八件。

与其他帝王陵墓相比，宋陵的建造特点是"封土为陵"——动土时，在"甲"字形的地面开始挖掘，伸出的部分是陵寝的墓道，"田"部分是"皇堂"。同时，从开销上来说，宋陵的建筑比之秦始皇陵、汉武帝陵墓和唐陵来说，都是小成本作品，可见北宋时期是比较注重节省民力、财力的。

● 宋朝统治者为什么要选南高北低的地势建造陵墓呢？

仔细观察宋陵，你会发现，宋陵墓都是"南高北低"，也就是说，作为陵墓最高地位的陵台都处于最北边，低低居下，所以，人们在瞻仰宋陵时，完全感受不到壮观威严的王者之气。这究竟是为什么呢？原来在唐宋时期，流行一种姓氏对应宫、商、角、徵、羽五音的风水理论，宋朝的赵姓对应的是角音，它要求统治者要在都城的西面选阴宅，而且陵地也要"东南地穷，西北地陛"，所以，宋朝的陵墓布局都是南高北低，于是就形成了我们现在所看到的倒仰的奇特景观。

29 神秘的西夏王陵
缘何被称为"东方金字塔"?

在我国历史上，南宋、金对峙的时候，西方还有一个少数民族建立的封建政权——西夏王国，它存在了近两百年的时间，一共传了十代皇帝。在如今贺兰山下的西部荒漠地带，有一片神秘的古代建筑群，这就是西夏王陵，它们享有"东方金字塔"的美誉。这群古代建筑是20世纪才被发现的。

1972年6月，在宁夏的贺兰山下，甘肃原兰州军区某部正在加紧修建一个军用飞机场。在紧张的施工过程中，士兵们突然用挖掘机挖出了十几件古代的陶制品。这些陶制品里面有破损的陶罐和一些方方正正类似砖的东西。更为奇特的是，在这些砖上面，还刻着一些大家不认识的方块字。

战士们不敢怠慢，马上将这件事报告了部队的首长。首长立即命令停工，然后紧急赶到了银川市，把挖掘出来的物品交给了当时博物馆的考古人员。经考古人员鉴定之后，他们认为这些被挖掘出来的物品很可能是西夏文物，砖瓦上的文字疑似西夏文。

▼ 银川西夏王陵

这个重大发现驱动考古人员马上来到了现场，准备进行抢救性挖掘。很快，一个墓室出现在众人面前。经过专家们的研究，证实了瓦砖上的文字就是西夏文。对于突然消失的西夏文明来说，这无疑是一个好消息。考古人员继续进行探索。最终，让人欣慰和震惊的是，

▲ 西夏王陵

他们在贺兰山脚下的一片荒无人烟的荒漠里，找到了一座西夏王陵。这些类似于埃及金字塔的古代神秘建筑，让人们重新看到了昔日辉煌的西夏王朝的身影。到上个世纪末，人们已经发现了九座西夏帝王陵墓，另外还发现了二百五十三座陪葬墓。

虽然西夏王陵发现的时间比较晚，但是人们还是从它的遗迹上看到了当时西夏政权在建筑上的一些特色。

西夏王陵建筑群在我国宁夏回族自治区银川市的西面大约三十公里的地方，贺兰山的东麓，占地面积达五十三平方公里，其规模之大、保存之好，被人们称为"东方金字塔"和"神秘的奇迹"。发现这些陵墓之后，考古人员根据发现的顺序给这些陵墓都编上了号码，如西夏陵墓一号、二号等。

西夏王陵千百年来也屡遭毁坏，但从目前遗存下来的文物仍可以看出西夏王陵建筑的独特风格，它不仅体现出强烈的党项族文化特征，还吸收了中原文化与佛教文化的一些建筑元素，使西夏王陵具有了更多神秘的色彩。同时，布局上也呈现出独特风格。西夏王陵虽也是按照时间顺序或者帝王辈分由南向北排列，然而，如果从空中俯视西夏九座王陵就会发现，它们的分布竟然与北斗七星图极其相似。不仅如此，如果你

单独看八座王陵的分布，又和道家文化中的八卦图近似。难道说，古老的党项族人也崇拜八卦、相信风水吗？这是一个尚难以破解的谜团。

西夏陵园是仿照宋陵建造的，但又保留了少数民族和地理上的特征。西夏王朝比较重视佛教。拿三号陵来说，陵城和角阙形制有西夏特点。它的陵墙为夯土墙，整个墙体竟然接近一个正方体，底部宽达三米半，而高度则没有超过四米的，墙体收分不大，内外的出檐为半米，这样的设计使得墙体能够尽量少的受到雨水的侵蚀。另外，在墙的最外层又涂抹上了一层几厘米厚的草秸泥，再用细泥红墙皮进行装修，然后在墙体的最顶端铺上瓦，而滴水、瓦当则都有精美的图案。内城角阙是用五版或七版连续外弧的夯土墙夯筑而形成的相互连续的圆形夯土墩台。当时的建筑者们用包砖将角阙和门阙的塔基和塔身包了起来，包砖错缝平铺，逐级收分，平均每层收分一至一点二厘米，这样，非常有力地保护了内部结构。另外，考古学家们通过研究，发现这些包砖至少要达到了二点二米，而从各种各样的证据来看，角阙上方应该是一个塔式建筑，大概是一座座佛塔，这也符合当时西夏国家政权的信仰。而从整体来看，王陵群和佛塔相映，格外肃穆庄严。

西夏王陵不愧是一个在荒漠建造的"神秘奇迹"。

延伸阅读

● 辽代古墓有多少种造型？

与西夏和北宋并存的还有一个北方少数民族政权，这就是辽。与西夏和北宋不同的是，辽朝的古墓一共分为三个时期，每个时期的造型都非常独特。前期，辽朝的古墓是方形墓为主，多用斜坡墓道。到了辽朝中期，则出现了大量的圆形墓，这个时候的方形墓变少了，而墓道也变成了阶梯墓道。而到了辽朝的后期，陵墓再一次起了变化，出现了多角形墓，这在中国古墓历史上是非常罕见的。

明十三陵的"定陵月亮碑"有什么神奇之处?

在北京西北郊的昌平区燕山山麓天寿山下,坐落着著名的明十三陵。除了朱元璋和他的孙子建文帝朱允炆没有葬在这里外,明朝其他的皇帝都安葬在这里。

明十三陵被认为"是世界上保存完整、埋葬皇帝最多的墓葬群"。十三座陵墓群既是一个统一整体,同时各陵又各自独立。从选址到规划设计,明十三陵都十分注重陵寝建筑与自然山川、水流和植被的和谐统一,追求"天造地设"的完美境界,体现了天人合一的哲学观点。明十三陵作为中国古代帝陵的杰出代表,展示了中国传统文化的丰富内涵。

每个陵墓前都有一座龟驮碑,它是记述皇帝的神圣功德的。但是,定陵的神圣功德碑却略有不同,石碑的后面有一块白色圆形的痕迹,当地的百姓都把这座石碑称为"定陵月亮碑",这究竟是怎么回事呢?

定陵是明神宗的陵寝,他十岁登基,二十一岁便开始为自己修建陵墓了。后来,他疏理朝政,成天在后宫里花天酒地,老百姓怨声载道。

据说有一天,他寻欢作乐之后昏昏欲睡,突然梦见一个红头发、红脸、全身穿戴都是红色的老头跟他说话。

老头对他说:"告诉你,我是天上的火神爷,看你这个皇帝成天不务正业,老

▲ 明十三陵分布图

天决定派我惩罚你，回头将你劳民伤财建造起来的定陵一把火烧个精光！"

这个昏庸的明神宗一听，那还了得，说道："我大明气数未尽，帝王的陵墓是上天保佑的，你能如何？"

火神爷听了，笑道："咱们打个赌吧，如何？"

明神宗也不示弱："好，如果烧了，我就瞎一只眼！"

火神爷听罢，大笑着消失了。

明神宗被惊吓而醒，想睁开眼看看，未曾想左眼模模糊糊，不久，竟然真的瞎了，明神宗一想到梦中的事就郁闷害怕，很快一命呜呼驾鹤西去了。

神宗下葬时，人们惊奇地发现，他竟然右眼不闭，无论人们怎么弄就是不闭眼。等到安葬好之后，又看到石碑的右上角有一个白色的圆圈，而且一到十五，这个白色的圆圈就格外发亮。于是，人们便把石碑称为"定陵月亮碑"。老百姓更是传说这是神宗的眼睛，他是害怕火神爷真烧了他的定陵。不过，定陵最终还是没有躲过一劫，还是被烧了，从此"月亮"再也没有亮过。这个传说给定陵增加了很多神秘之感。

明十三陵整个陵园占地面积达一百二十平方公里，它位于一个东西北三面环山的小盆地中，陵前有小河流过，山明水秀、绿树成荫，环境极佳。整个陵园除了有十三位皇帝陵寝以外，还有七座妃子墓、一座太

▼ 十三陵石牌坊

监墓，可谓是规模宏大。

明十三陵建筑非常有特点，从定陵可见一斑。定陵的整体布局后圆前方，外围被一道围墙包围着，称为"外罗城"，城内的面积达到了十八万平方米，清代梁份《帝陵图说》曾经这样描述道："铺地墙基，其石皆文石，滑泽如新，微尘不能染。左右长垣琢为山水、花卉、龙凤、麒麟、海马、龟蛇之壮（状），莫不宛然逼肖，真巧夺天工也。"

在整个定陵中，中心处是宝城，这里是安葬明神宗的地方，所以修建得格外辉煌。在包城墙的最前方是城台，石刻须弥座，上面有精美的明

▲ 定陵月亮碑

楼，楼内采用的是无木结构，全部用巨石制作，采用的方法是砖券顶。另外，宝城的城墙可谓是修建煞费苦心，垛口采用的是石斑石，内有砖砌的宇墙，中间有铺砖马道相连。宝城看似是木结构，但却根本没有一丝木头，不可谓不神奇。

另外，定陵地宫是现在唯一一个已经被开掘的十三陵地宫，它在定陵明楼的正后部，距墓顶二十七米，总面积近一千二百平方米，里面的建筑结构非常精美。因此，从定陵的精美构造可以推测出整个明十三陵的辉煌震撼和巨大魅力。

● **你知道在西安也有一座"明十三陵"吗？**

　　一说起明十三陵，大家一定都会想到位于北京市昌平区的那十三座规模宏大的明朝陵墓。其实，在西安市郊区也有一处"明十三陵"，只不过这里埋葬的不是皇帝，而是被明朝皇帝分封在此镇守西安府的十三位秦藩王。这些陵墓与北京的十三陵不可同日而语，虽然建造之初也有神道、墓碑和守护陵墓的石雕，但是由于年代久远，许多文物都残缺不全，甚至无迹可寻了。

31 皇太极的陵墓建在平地之上 居然与乌鸦有关系？

　　辽宁沈阳有著名的"盛京三陵"。而"盛京三陵"中，最大最著名的是清太宗皇太极和孝端文皇后博尔济吉特氏的陵墓——昭陵。如今的昭陵是我国清代皇帝陵园和现代园林合一的游览胜地，其建筑风格有着皇家园林的尊贵、华丽，也有现代园林的清雅、秀美。古代帝王陵墓大多是依山而建，而清代的昭陵却是令人意外地建立在了平地之上，这是为什么呢？

　　清代昭陵位于原称盛京的沈阳北面五公里处，又称为北陵。而建在这块平原地区，据说跟乌鸦有关系。

　　相传，天聪三年（1629年，明崇祯二年），皇太极正和明朝大将袁崇焕交战。在一次偷袭中，他不小心中了袁崇焕的埋伏，一路仓皇逃

▼ 清代昭陵全景

▲ 沈阳昭陵建筑

跑，身边的卫士都死了，只剩下他一个人狂奔。没想到战马突然被绊倒，他摔了个头破血流，爬也爬不起来了。这个时候身后的明军追了上来，皇太极心想这下完了。谁知，一群乌鸦恰巧飞过这里，纷纷落到了他身上，将他全部盖了过来。明军追到这里时，发现乌鸦都落在那里，认为皇太极死了，所以就没有理会掉头走了。于是，皇太极就这样躲过一劫，从此他认为乌鸦是神圣的鸟，下令不允许伤害它们。

等到了晚年之后，皇太极便决定给自己找个风水宝地修建陵墓，以便死后能够安寝，可是找来找去怎么也没有找到称心如意的宝地。有一天，皇太极正在打猎，为了追一只野兔跑出很远了，正在搜查野兔的时候，突然听到一群乌鸦在叫。他发现它们落在了一个大土丘上面，于是大喜，认为这是乌鸦给他选定了下葬的地方，于是便定下以后在这里安葬自己。

清代昭陵是"盛京三陵"中最有气势的陵园，整个陵墓占地面积达到了十八万平方米，里面除了葬有皇太极和他的皇后外，还有很多的后宫佳丽也埋葬在这个陵园里面。

清昭陵的设计分为三个部分：前部、中部和后部。前部是从下马碑到正红门；中部是从正红门到方城；后部则是方城、月牙城和宝城，后部是皇帝的陵寝所在。

从下马碑往里，到缭墙外面，神道两侧立有华表、更衣亭等。中间则是牌楼，牌楼可以算得上是昭陵前部的主要建筑，由青石构成，一共四柱三层，单檐歇山，仿木斗栱，栏板上刻有八宝、行龙等纹饰，刻工精细，精美绝伦，可谓石刻精品了。

再往前，走过正红门便来到了昭陵中部，依然一条长长的神路，在神路两旁是帝王陵墓必备的石象生，其中有一对石马，名曰"大白""小白"，据说它们是当年皇太极的坐骑。在北面，这里还有一个碑亭，里面是康熙皇帝手书的"大清昭陵神功圣德碑"，当时康熙帝专门赏赐了十万重金。同时，这里还有专门的祭祀用房。

方城是昭陵的主体部分。方城中最为宏伟的建筑是隆恩殿。隆恩殿左右都有配殿，四旁还有角楼，整个大殿处于中央，矗立在须弥重式台基之上，显得颇有气势。过了隆恩殿，穿过明楼就到达了宝城，它的下面是地宫。皇太极及其皇后便葬在地宫里。登上宝城，环顾四周，整个陵墓处在一片青山之间，郁郁葱葱。不得不承认，这个地方绝对是个风水极佳的宝地。

延伸阅读

● 昭陵中华表顶端的石兽朝向有什么秘密?

华表，是中国独有的一种建筑形式，最初是木制的，起到类似路标的作用，后来渐渐演化为一种相当于意见簿的建筑。再到后来，皇帝就把这种建筑建在宫殿或者陵寝前，用来表示皇帝虚心纳谏的决心。在华表的顶端有一只蹲着的石兽，叫犼，传说是龙生的九子之一。细细观察你就会发现，在昭陵的陵寝内和陵寝外各有一对华表。它们顶端的石兽朝向是不同的。朝向陵墓的叫"望君出"，意思是希望皇帝不要沉湎于悲痛中，要及时回到朝廷处理政务，而朝向外的叫"望君归"，是要告诉皇帝不能忘记先祖的功德，应常来祭拜。

机关重重的古代陵墓
何以挡住盗墓贼？

　　古代帝王的陵墓，建成之后往往会将修建的工匠杀死，或者直接将其封闭在坟墓之中，这样做的目的一是用作祭祀，二是中国人讲究入土为安，处死工匠以防盗墓。帝王权贵的墓室内有众多的珍贵陪葬品，这自然会引起盗墓贼的兴趣。杀死工匠也是为了防止陵墓里面的构造为外人知晓，从而杜绝墓葬被盗。

　　除了杀死工匠外，古代陵墓还有一个非常重要的防盗方法，那就是设计有众多的机关，以防止外人入侵，那么，这些精心设计的机关是什么样的呢？

　　中国古代，除了少数朝代外，不仅皇家崇尚厚葬，墓中放置大量的陪葬品，很多王侯将相以及家庭殷实的普通人家也都喜欢在亲人去世后，在墓中埋入逝者生前喜欢的陪葬品。这一方面是对死者的尊敬，另外也是生者希望把死者生前的富贵让他带到地下继续享受。

　　古代陵墓的防盗方法，可谓众多，且非常高超。人们在设置机关的时候，已经充分考虑到盗墓者可能进入陵墓的路线，以及盗贼进入陵墓的心理，机关普遍

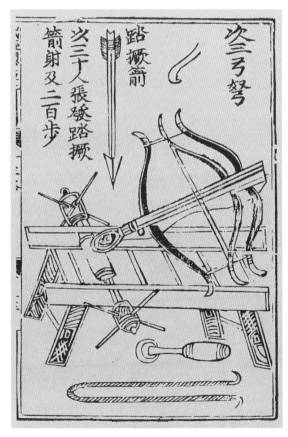

▲ 古代弓弩

设置在这些人的必经之路上。常用的方式主要有：加固陵墓中的墓室与棺椁，依山建造陵墓、甚至是挖山建陵，在墓室中设置诅咒，藏匿埋葬地点，设置假坟，少放陪葬品，设置弓弩、陷阱等。比较复杂的方式有设置流沙，进入墓室的盗贼会被活活压死；设置暗器与翻板；还有的是在墓室内放置有毒的物质杀死盗贼等。同时，帝王陵墓会有专门的守陵人，这也在一定程度上减少了盗墓的发生。

在民国时期，有人曾经在山东青州地区发现过一个比较大的陵墓，在墓道中，人们发现了一个带轴的翻板，翻板下方设置了深坑。当人们把里面的水抽干后，发现下面布满了利刃，如果有人进入墓道，经过翻板的时候就会失去平衡，掉进深坑被利刃扎死。现场的考

▼ 秦俑一号坑
前锋队列

古发现证实，坑中有两具尸骨，一仰一合，身边还有盗墓工具，可见他们是走到此处中了机关，葬身坑底了。不过，这座墓依然被盗了，在墓的旁边有两个梯子，后来的盗墓者吸取了经验，从此处绕过机关，到了里面，将珠宝等一尽盗走。

当然，陵墓机关设计得非常复杂，甚至是连环机关，"牵一发而动全身"，当看似躲过第一层机关的时候，紧接着第二层机关又来了，致命的伤害一个接着一个，难以躲避，如连环的弓弩、连环的陷阱等等，只有设计者

知道其中的厉害，外人进入墓中，是很难活着出去的。

目前，很多大墓依然没有被打开，比如秦始皇陵、唐代的乾陵等。这些已知的、保存相对完好的帝王陵墓中是否也有重重机关，一直是人们猜测、谈论的话题。例如秦始皇陵墓里的弓弩到底是如何安置的？其中的水银江河是什么样的？

从秦俑坑里出土的弓弩来看，其威力巨大，射程可达八百米，而弓的张力足有七百斤。这种威力巨大的弓弩被设置在墓门、墓道里，它能够对闯入者以致命的打击，从而保护陵墓里的尸身及陪葬品。

机关重重的古代陵墓，还有些什么样的真相，让我们拭目以待吧！

● "流沙墓"是如何防盗的？

　　在众多的陵墓机关中，放置流沙是最让盗墓者头疼的一种防御方式了。流沙墓在建筑方法上与其他古墓没有什么不同，唯一不一样的是，一般的墓穴在修筑好后是用土回填墓室，而流沙墓则是用松软的沙子回填，沙子里还要放置上无数大小不一的尖利石块。盗墓者只要将盗洞打到流沙层，迎接他们的将是葬身沙海的命运。同时，除了沙子的填埋，尖利的石块也对盗墓者构成杀伤。可见，流沙墓是有效防止陵墓被盗的方式之一。

"石象生"里的"象" 是指大象吗?

在大多数帝王陵墓的神道旁,都会放置一些石头雕塑,这些雕像有马、象、人等形象,甚至还有一些千奇百怪的灵兽。这些雕塑精致的形象,有一个共同的名字叫"石象生"。那么,"石象生"中的"象"是指大象吗?

其实,"石象生"只是这些石头雕像的一个名称,"象"并不是指大象,因为石制雕塑中间有很多的造型,除了动物外也有人的形象,像明十三陵里的石象生就非常有特色。

十三陵神道两旁整齐地排列着二十四只石兽和十二个石人,生动精细。同时,其数量之多、形体之大、雕琢之精、保存之好,是古代陵园中罕见的。石兽共分六种,每种四只,并被赋有一定的含义。如,雄狮威武善战、獬豸①善辨忠奸,狮子和獬豸均是象征守陵的卫士;麒麟表示吉祥;骆驼和大象忠实善良;骏马可为坐骑。石人分勋臣、文臣和武臣,各四尊,他们都是皇帝生前的近臣,威武虔诚地恭候在那里。

① 獬豸,音 xiè zhì,是古代传说中的神兽,形似羊。

据说,明宣德十年(1435年)的时候,朝廷开始在陵园内设置"石象生"。由于当时的一些战乱,这个工程时断时续,经过了一百年之后,才于1538年全部完工。

工程完工了,皇帝自然要看看,于是当时的皇帝明世宗朱厚熜便领着百官一起来验收这个工程。就在验收的时候,问题来了——原来文臣和勋臣们

▼ 石象生

▲ 唐代陵墓前的獬豸

发现，武臣石像的旁边有四匹石马，而在他们的旁边则是空空荡荡，于是大为不满，认为这显然不公平，怎么同样是殿前称臣，反而待遇不同呢，要求增加八匹马给文臣和勋臣。武臣辩解道：骑马打仗保护皇帝，怎么能没有战马呢？皇帝也说，增加石象生会超过太祖陵数量，同时还会增加人力、物力成本，还是不要增加了。而文臣和勋臣则对应道：文臣跑来跑去的，没个坐骑，不成体统。这两方各执一词，争执不下，宣宗没办法，便说要回朝再议。

回到朝廷，当时的宠臣严嵩负责说这个事情。严嵩这个人很会察言观色，他给出了个主意："悄悄地找些工匠来，在武臣的腰部铠甲上刻上八匹马，这样就凑齐十二匹马了。如果有人问，就说是上天给的，这样谁也没办法埋怨了！"后来，就照他的这个办法实行了，而文武官员也没再争吵过，这也就是现在的十三陵武将腰部铠甲上刻有奔马的原因。

那么，石象生究竟是如何建造的，又有什么用处呢?

在皇帝陵墓前，"石象生"是按照一定的次序和特定的方向摆放，它们像护卫一样保护着皇帝的陵墓。"石象生"又名"石翁仲"，是神道的主要装饰物。它最早应该是开始于秦汉时期，到了唐宋时期，石象生的建造艺术达到了相当的高度，明清时期更加兴盛。

中国现存的"石象生"最早可追溯到汉朝，而秦朝和先秦时期的石雕和石象生基本没有了，只能从一些典籍之中看到只言片语，如《述异记》载："广州东界有大夫文种之墓，墓下有石为华表、石鹤一只。种即越王句践之谋臣也"。又如官方史籍《史记》中也记载："吴王阖庐之冢'卒十余万人治之，取土临湖，葬之三日，白虎居其上，故号云虎丘'。"

按规制，石象生一般分别是十二对石兽，两坐两立，依次为狮子（象征"威武"）、獬豸（象征"公正"）、骆驼（象征"运输"）、

▼ 翁仲

象（象征"吉祥"）、麒麟（象征"太平"）、马（象征"征战"），其中骆驼、象、马又分别为各地运输工具，故又象征疆域辽阔；石人十二尊，其中武臣（象征"侍卫将军"）、文臣（象征"近身文臣"）、勋臣（象征有"功勋的文武百官"）各四尊。一般这些石象生个头都比较大，其中北魏孝庄帝静陵神道出土石人一个，它的身躯竟然高达三米多。

石象生是作为陵墓的一个配件出现的，它的摆放、雕刻工艺都体现着古老的中华文化，有一定的研究价值。

延伸阅读

● 石象生中的"獬豸"是一种什么样的动物？

在众多的石象生中有这样一种动物，外形特别奇怪，与麒麟很像，全身被浓厚的毛发覆盖，两只眼睛明亮而有神，最奇特的是，它的额头中间有一只角。原来，这就是我们常说的独角兽，又叫獬豸，在古人心里，獬豸可是有重要的地位的，它象征着善良正直，能够明是非、辨忠奸。那只角是它的武器，既能指出邪恶的人，又能惩罚犯法者，令心怀不轨的人不寒而栗。皇帝们在死去后也需要这样的神兽来保障执法严明，于是就将獬豸置于墓前。

34 古代的帝王
为什么格外看重风水?

　　古人往往希望自己死后仍然能够得到生前的荣华富贵,保佑子孙繁盛。因此,自古帝王陵墓的建造地址都是千挑万选,而千挑万选的原因主要是风水问题。风水问题是随着社会演进而出现的。在远古时期,人们对墓葬并没有什么特殊要求。如《易经·系辞》就说:"古之葬者,厚衣之以薪,葬之中野,不封不树。"

　　随着社会的发展,人类越来越重视丧葬了,陵墓的选择也成了重中之重的大事。明朝开国皇帝朱元璋有一个有趣的选陵址的故事。

▼ 朱元璋像

　　朱元璋比较重视风水,在南京建设皇宫的过程中,他亲自过问宫殿的修建事宜。在自己陵墓的修建上,他也是煞费苦心,最终选择了在钟山修建自己的陵墓。

　　据说,有一天他和明初名臣刘伯温一起去钟山找陵墓的最佳修建地点。走累了,他们就地在一处僧人的陵冢旁坐下来休息。

　　朱元璋随口问刘伯温道:"你看究竟选哪里合适啊?"

　　刘伯温思忖了片刻,有些犹豫地说:"皇上坐下的这个地方墓最好。"

　　朱元璋说:"可是下面已经葬了一个老和尚了啊。"

刘伯温说："按照礼节，老和尚可以迁葬。"

可是朱元璋一琢磨，天下之大，莫不是王土，哪还用那么麻烦啊，直接挖了就得了。于是，便命令众人一起行动起来，很快便挖出来两个合在一起的瓮，上面竟然还刻着字，写道："某某年有朱姓掘吾之坟，虽是正主，亦应以礼迁之"。看到这样的咒语，众人不敢乱动了，而朱元璋也有些发怵了。于是，他下旨按照礼节安葬了老和尚。

如朱元璋一样，古代帝王的陵墓多是非常注重风水的，他们认为风水不仅仅关乎自己死后的灵魂，也关乎自己的江山社稷、后代安康、富贵等。那么，古人选陵址的风水依据是什么呢？

古代人认为高山大川等都是有气存在的，阴阳虽然两隔，但却也是互相影响的，那么在陵墓的选址时必须重视这些气。周围的地理环境、阴气的聚散，都是考虑的重点。古代陵墓大多依山而建，因为帝王非常崇尚大山自上而下的气势。同时，陵墓周围的地理环境也要尽量山水兼

▲ 朱元璋很重视天象，《大明孝陵神功圣德碑》记载他"审天象，作地志"。因此，朱元璋在陵墓规划设计中，吸纳中国古代信奉的"魂归北斗"的思想。

备，植被茂密，景色优美，这样才能与陵墓建筑相得益彰，达到皇家陵墓的布局、建造要求。

以清代顺治皇帝的孝陵为例，它背靠瑞山主峰，左右两边是天然砂山，整个陵墓呈现一个北高南低的布局，这样有利于光照，也符合风水要求。另外，孝陵在防水、防雨方面都做了细致规划。因为是在山上建造，陵墓下面采用了打桩加固的方法，防止发生滑坡、防止汛期下雨山洪冲击陵墓建筑。同时，建造者还专门修建了一整套排水工程。这套工程利用天然的地形，设置了排水明沟，让雨水顺山势自然排泄，通过排水道汇集到隆恩门外的神路桥下面，再通过下面的水道排走。由此可见，古代陵墓的风水不是简单的神鬼迷信，而是建立在古人的智慧基础上的科学设计。

● 历代皇帝中谁的陵墓选址最为奇怪？

中国的皇帝都非常信风水之说，所以在他们都会千方百计选择一个风水宝地来埋葬自己。可是，历代帝王中有一个人的陵墓选址却非常奇怪，他就是东汉光武帝刘秀。北邙自古以来就被认为是一块绝佳的风水宝地，所以很多王公贵族都葬在邙山之阳，面朝黄河，所谓风水学中极为推崇的"背山面河"。然而，东汉光武帝刘秀却将自己葬在了邙山北面的黄河滩上，面山背水，非常不符合常理，这也成了历史上的一个孤例，至今人们仍然猜测不出他这样做的真正原因。

宗教建筑

ZONG JIAO JIAN ZHU

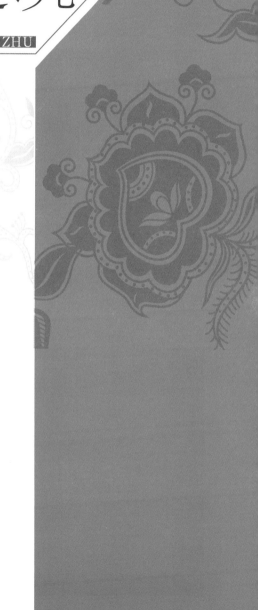

35 被称为"禅宗祖庭①"的少林寺有着怎样的建筑艺术特点?

在"五岳"之一的嵩山上,有一座中外闻名的古刹——少林寺,它是中国佛教寺院中最为著名的寺院,被称为天下武功的发源地,它又是佛陀和达摩祖师曾经主持过的寺院,号称"天下第一名刹"。少林寺常住院的建筑颇具特色,体现了我国宗教建筑的特点。另外,作为我国最为出名的佛教寺院,少林寺里有一个关于"立雪亭"的故事广为流传。

①祖庭,佛教中指各宗派祖师居住、布道的寺院。

据说,达摩祖师来到中国,并且成了少林寺的主持。二祖慧可希望跟随达摩祖师学习佛法,可是达摩祖师一开始并没有看上慧可,便拒绝了他。慧可并不服气,多次上门请求达摩祖师收他为徒,可是都被达摩祖师婉言拒绝了。

一年冬天,天降大雪,慧可站在达摩祖师平常诵经的禅房外面。当时雪非常大,没过了膝盖,异常寒冷的天气没能阻碍慧可一心向佛。看慧可没有离开的意思,达摩祖师便想出了一个办法。他告诉慧可,除非天降红雪,否则绝不收慧可为徒。慧可一听先是一筹莫展,后来突然用戒刀斩断了自己的胳膊,鲜血染红了雪地,他告诉达摩祖师,天已降红雪,并以此来表明自己学习佛法的心志。达摩祖师看他心诚,最终被他感动收他为徒,传授佛法,让他发扬光大。后来,人们便在慧

▼ 嵩山少林寺匾额

可站立的地方建起了"立雪亭"，表示纪念。

关于少林寺的故事还有很多，它们从另一个角度诠释了这座存在了一千五百年的古刹的独特之处。

少林寺位于河南登封市的少室山下，其建筑群落主要包括三个部分：常住院、塔林、初祖庵，现在人们常说的少林寺其实就是少林寺的常住院。这里规模宏大，进了山门之后，还有七座大殿，每一座大殿都独具规模和特色，都体现出了宗教建筑的特色，整个少林寺总面积达到了三万平方米。

少林寺的山门为第一重建筑，整个建筑采用的是面阔三间的单檐歇山顶建筑，雕刻彩绘都是细致精美，山门两旁的是硬山式侧门和八字墙，无论远看近观都是相当的气派。进入山门，左右两旁是弥勒佛和韦陀护法神像，此山门是雍正年间所建，而山门上的少林寺匾额则是康熙皇帝手书。

其后进入的是重檐式歇山顶的天王殿，上面是绿色琉璃瓦，面阔五间，进深四间。过了天王殿后，便是少林寺中的主殿大雄宝殿了，大雄宝殿非常宏伟，它的两旁还建有钟楼和鼓楼，这两座建筑都是四层建筑，构造巧妙，建设精美。其后，在大雄宝殿后面还有藏经阁。其后是方丈室，这里是少林寺主持的住所，在方丈室后是少林寺中规模最大最宏伟的千佛殿，又叫做毗卢阁。这座殿里最为引人瞩目的是四十八个脚印，这脚印据说是寺里武僧练武日久天长踩出来的。

▲ 《达摩面壁》图轴

▼ 嵩山少林寺大雄宝殿

少林寺外一点三公里处，还有达摩祖师曾经建造和住过的初祖庵，这里也是颇具宗教色彩的建筑，整个占地约三千平方米，亦有山门、大殿等建筑。其中初祖庵的大殿是宋朝时期的建筑，为木结构，是河南省现存的木结构建筑中的经典。

嵩山少林寺作为我国著名的佛教寺院，带有浓厚宗教色彩的建筑是我国建筑史上一笔珍贵的财富。

● 嵩山少林寺塔林的砖石结构有何特点？

在嵩山少林寺西约不到半里的地方，是少林寺历代高僧下葬之所，这就是举世闻名的少林寺塔林。塔林占地面积约为两万一千平方米，从唐朝到如今，存塔二百三十多座，这是我国最大的塔林了，这些建筑多为砖、石、砖石结合的建筑物，各种形状皆有，式样繁多，造型独特，是我国古代难得的砖石建筑和雕刻艺术建筑群。塔林中的塔，如同各地的佛塔一样，建设的有单层单檐塔、单层多檐塔、印度窣堵坡塔和各式喇嘛塔等。其中最古老的砖塔要数唐朝"玩法禅师塔"了，整个塔高约八米，塔身全部用水磨砖砌成，周身雕刻精美绝伦，堪称砖塔中的极品。

36 武当道观建筑群是按照真武大帝修仙神话来建造的吗?

在湖北的武当山上，有一组规模宏大且颇具特色的宗教建筑群落——武当道观建筑群。武当宫殿建筑体现了我国唐、宋、元、明、清五个朝代的宗教建筑的特色并展现出了精湛的建筑技艺。那么，这群建筑是如何设计、建造的呢?

道教在唐朝颇为兴盛，武当建筑群最早开始建造于这一历史时期，但到了元朝末年，武当山上的大部分建筑都毁于战火，现如今人们见到的武当建筑大多是明朝时期复建的。

▲ 武当山紫霄殿

据说，明朝开国皇帝朱元璋去世之后，建文帝登基，朱元璋的儿子朱棣起兵夺权。他取得了政权之后，为了使自己的这种有悖伦理道德的行为名正言顺，他便宣称得到了真武大帝的保佑。于是，为了提供证明，明成祖朱棣便下令在武当山上大兴土木，以此来感谢神灵，并寻求心理安慰，同时使自己的统治也能够更加稳固。据历史记载，当时朱棣一共动用了三十万工匠，前后用了十二年的时间，修成了八千多间宫殿，后来又经过不断扩建武当山上的建筑，顶峰时期达到了两万余间，可谓是宗教建筑中最为壮观的建筑群落了。

　　与其他宗教建筑的区别在于，武当道教建筑群落是明成祖朱棣按照真武大帝修仙神话进行合理安排的，从武当山脚下开始，直到山顶的天柱峰金殿，首先修建了一条从人间通往天上的"神道"，这条道路是由青石铺成，总长度达到了七十多公里，在"神道"的两旁，修建了八宫、二观、三十六庵堂、七十二岩庙、三十九桥梁、十二亭台等庞大的建筑群。

▼ 武当山金殿

　　武当山道教建筑群最为重要的一点就是，它建造之时并不破坏自然环境，建筑本身遵循的就是道教的"崇尚自然"的思想。明朝大兴土木的十二年间，朱棣曾经连下六十多道命令，目的就是一再叮嘱不能破坏环境，必须遵循自然。于是在宫殿建造的时候充分利用了武当山的特色，把建筑选在了峰峦和岩

洞间的合适位置，使得宫殿并不与自然相违背，反而在山林、岩洞、溪流的映衬下，显得格外的和谐自然，就如同本来就有这建筑一样，达到了虽是人造，但却犹如天成的效果。

武当宫殿建造的时候规矩非常多，首先因为是皇家和宗教建筑的结合，所以非常注重风水，面山背山，有水无水等等，都是需要考察的因素。另外，在建筑构造上，首先屋顶都是有梁柱支撑的，而斗栱则起到了平衡协调的作用，这样就达到了"房倒屋不塌"的效果，这些经典的建筑构造至今仍值得探索和研究，比如复真观中的一柱支撑十二根梁枋的杰作，就构思相当巧妙。

武当宫殿的建筑材料可谓广泛，在世界建筑史上都是非常罕见的。包括：金、银、铜、铁、锡、石、玉等都能在宫殿中见到，而更为奇特的是，为了呈现出特殊的效果，武当宫殿中竟然还用了化石作为材料，这不得不说是一个奇迹。

武当道教建筑群是我国宗教建筑的一块瑰宝，它的建筑技术高超，历史研究价值相当大。1994年，武当道教建筑群被收入了"中国世界文化遗产名录"。

● *"雷火炼殿"是怎么回事？*

在武当山上有一座宏伟的金殿，以前在这里经常会出现一种奇观："雷火炼殿"，在雷雨天气的时候，由于山势高，所以经常能够看到闪电频闪，听到雷声震天，金殿四周则是火球滚滚，电光闪烁，即使偶尔有雷电击中金殿，但金殿却仍然是毫发无损。后来，人们给金殿加上避雷针，却没想到，从此再无"雷火炼殿"的奇观，反而使得金殿多次遭受雷电的袭击。人们研究后发现，整个金殿设计非常合理，里面是一个密闭的空间，而各个构建结构都是经过准确合理的计算，把可能会遭受雷击的问题都考虑到了，并进行了合理规避才产生了"雷火炼殿"的奇观，如今这种奇观已不会再出现了。

历尽千年风沙洗礼的莫高窟
为何依然精美绝伦呢？

被誉为是"东方艺术明珠"的敦煌莫高窟已经一千六百多年了，它无与伦比的建筑艺术和佛教艺术令整个世界叹为观止。敦煌莫高窟在一千六百多年中，经受了人为的破坏和自然风沙的侵袭，虽然岁月悠长，但依然保存下了众多的艺术珍品，不能不说是个奇迹。整个敦煌石窟分为三个部分：莫高窟、千佛洞、榆林窟。那么，这个存在了如此之久的"沙漠中的佛教艺术殿堂"，究竟是如何建造起来的呢？关于它的起源，有一个小故事。

据说，公元366年，有一个沙弥叫乐僔，他手持锡杖，云游四方。一日，乐僔来到了敦煌地界，走了一天的他感到非常的劳累，便坐下来休息。在大西北的敦煌城外，他突然发现了一处令他感到惊喜的地方——三危山。当时整座山金光灿灿，似乎有众多佛像在那里发出金光

▼ 敦煌莫高窟

一样。乐樽揉了揉眼睛，确定自己没有眼花，于是他跪了下来，向佛祖许愿，一定要化缘在这里修建石窟、雕刻佛像。

后来，乐樽便留在了这个地方，并且到处化缘，希望有朝一日能够完成自己的心愿。乐樽终于凑齐了所需的钱财，于是他和他的弟子们便来到了当初看到金光的地方，修建了莫高窟的第一个石窟。后来的许多僧侣也来到这里修建石窟，有一个法号"法良"的禅师，在乐樽修建的石窟旁边修建了另外的一个石窟，就这样不断积累逐渐形成了今天的规模。

敦煌莫高窟开始修建于前秦时期，它正好位于古丝绸之路上、敦煌城东南方向大约二十五公里处，在大泉河谷中，南北长度达到一千六百多米。整个敦煌莫高窟现存的石窟有四百九十二个，壁画达到了四万五千平方米，唐宋时期的木建筑有五座，还有莲花柱石和铺地花砖数千块之多，这里可谓一座古代宗教石窟建筑艺术的殿堂。

敦煌莫高窟主要修建在陡峭的崖壁上，工匠们运用了很多现今看来依然很先进的建筑技艺。另外敦煌莫高窟的石窟有大有小，最大的高度到了四十米，而宽则有三十米之多。比较

▲ 莫高窟中的造像

119

小的石窟则是一个人无法钻进去，这些石窟的建设可谓是各具特色，没有重复的。

敦煌莫高窟各个时期的石窟在修建的时候运用了不同的建筑手法。最开始的北朝，在修建的时候窟形主要是禅窟、中心塔柱窟和殿堂窟。而到了后来的隋唐时期，莫高窟发展最为迅猛，目前留存下来的石窟有三百多个，此时的建筑区别于北朝时期，禅窟和中心塔柱窟的造窟方法已经不再使用。相反，这个时候采用的是殿堂窟、佛坛窟、四壁三龛窟、大像窟等形式。

五代、两宋朝时期的建设又有了新的变化，他们不再新开发和新建新的石窟了，而是更多地改建一些前朝的石窟，在这些改建的石窟中融入本朝的艺术手法。

敦煌莫高窟在经历了自然的侵蚀和人为的破坏之后，很多建筑和绘画艺术遭到了严重的破坏，为了能给后世留下这笔珍贵的财富，中华儿女要携起手来保护这难得的建筑艺术瑰宝。

● 犹如蜂巢的佛教石窟是如何修建在悬崖峭壁之上的？

敦煌莫高窟修建在长一千六百米，高约十米到四十米的悬崖峭壁之上，那么就当时的科技水平，这些精美的石窟是如何建造在悬崖之上的呢？

整个石窟建设分为两个部分，打窟和泥地杖。打窟首先是在确定窟的位置后，打地基，也就是使得窟洞与建造平面持平，然后往里进行挖掘，获得建设基础。其次是泥地杖，这是泥匠的工作，他们将洞窟内修整平滑，不会出现倒塌等。等到这些完成，这些蜂巢般的石窟，就可以进行内部装饰了——进行壁画创作和佛像雕刻。内装饰全部竣工后，整个石窟的建设也就基本完成了。

云冈石窟
是如何被发现的？

山西省大同市，有一座著名的佛教造窟杰作，它有着二百五十二个窟龛，每一个都异常精美，所建造雕刻的五万一千多个佛教石像更是国宝中的国宝，它就是我国著名的佛教石窟——云冈石窟。

云冈石窟大约修建于公元前五到六世纪，当时正是我国佛教兴盛的时期。整个石窟规模庞大，布局设计严谨统一，是佛教雕刻、绘画、建筑集于一身的杰出作品。那么，云冈石窟是如何被发现的？

据说，很多年以前，武周山下有一个云岗村，村子旁边本来有一个小沙丘，可不知道为什么，这个小沙丘越长越大，而且每当到了晚上，这个沙丘里总是传出一些悦耳动听的音乐来，人们都无法解释这个现象。

▲ 云冈石窟

村子里有一个比较大胆又好奇的少年羊倌，他对这件事情颇感兴趣，于是每天都赶着羊群去那里放羊，而沙丘里的曲子也照常响起，这羊倌就不知不觉学会了。于是他回去找村子里的人来挖，想看看里面到底有什么东西，可村子里没有一人敢和他一起去，他只好自己动手。

他一连挖了七七四十九天，可是除了沙子什么也没有，正当他郁闷的时候，突然听到沙丘下面传出了声音，羊倌就说："叫唤啥，又不出来。"沙丘下又有声音，羊倌说："那就出来吧。"紧接着，一声天崩地裂的巨响，沙丘裂开来，红光映红了半边天，里面显出一个巨大寺庙来，而声音就是从寺庙中传出来的，羊倌往里走，发现后面竟然都是石窟，里面那巨大的佛像矗立在那里。周围的百姓听说了，都来参观，后来云冈石窟便从此传扬出去了。

▼ 云冈石窟浮雕

这个传说让云冈石窟增加了很多神秘色彩。云冈石窟位于山西大同市的武周山南麓，最早开凿于公元453年，是石窟艺术中国化的开始，它是我国五世纪石窟和石像艺术的最高水平，与敦煌莫高窟、龙门石窟并称为"中国三大石窟群"，其中莫高窟和龙门石窟在建筑和造像上多少都受到了云冈石窟的影响。

从云冈石窟的建筑上来看，最让后世称道的是它的瓦顶式建筑风格，这在第九窟表现最为明显。瓦顶以一斗三升人字栱支撑，屋脊上雕刻鸱尾一对，花纹式三角四只，花纹三角之间和垂脊上各雕刻了一只金翅鸟，两侧垂脊出檐角处各雕飞天。门楼中的雕刻则更复杂。

那么，瓦顶建筑式样的门楼有什么特点呢？首先，作为佛教宗教建筑的辉煌之作，这些华丽的建筑都要为佛教思想服务，所有的东西都是来表现这个主题的。另外，云冈石窟中，有一些是双窟，这也是独具特色的建筑。

云冈石窟中最大的一个石窟是第三窟，最前面的断壁高度就达到了二十五米，石窟还分成了前后室，左右两边还有三层的方塔，而后室中的一个佛像高度就达到了十米。

云冈石窟整体上建造复杂，但却细腻精美，整个布局也是严谨统一，继承了秦汉时期的建筑风格，又吸收了犍陀罗艺术①的优点，最终创造出了世界上独一无二的云冈石窟建筑风格，给世界建筑行业留下了一笔珍贵的财富。

①南亚次大陆西北部地区的佛教艺术。

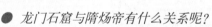

● 龙门石窟与隋炀帝有什么关系呢？

龙门石窟位于洛阳城南边十三公里处，伊河从这里流过，两边是龙门山和香山。相传隋炀帝曾经来过这里，他说："这不是真龙天子的门户吗？为什么不在这里建都呢？"有谄媚的大臣告诉他，古人皆知，这是为了等待真龙天子建都啊。唐代大诗人白居易曾说："洛都四郊，山水之胜，龙门首焉。"于是，龙门石窟就在这个地方开建了，后来，龙门石窟也成了诸多皇室贵族选择许愿和造像的地方。

39 屹立千年的应县木塔有着怎样特殊的减震设计？

山西省的应县，有一座举世闻名的佛塔——应县木塔。应县木塔位于应县佛宫寺内，全名是"佛宫寺释迦塔"，整座木塔没有一根铁钉，但却屹立近千年而不倒，被称为是"千年不倒翁"。后世很多皇帝都对此塔称赞有加，明成祖朱棣曾经称它是"峻极神功"，明武宗也曾称赞它为"天下奇观"。这座历经千年的古木佛塔，到底是由于什么原因千年屹立而不倒呢？它又有怎样的传奇故事呢？

▼ 夜光中的应县木塔

据传说，这座不一般的木塔就是我国木匠的祖师爷鲁班亲手所造。当时，鲁班与妹妹一起比赛手艺，鲁班的妹妹也是一个心灵手巧的人，她自己一夜竟然做成了十二双绣花鞋，并且许诺鲁班，如果鲁班能在一夜之间建造好一座十二层高的木塔，就算鲁班手艺比她好。可谁想，鲁班还真就在一夜之间，建好了一座木塔，可是修好了这座塔放到地上后，土地爷受不了，鲁班于是就用手一推，去掉了一部分，剩下的这部分木塔就留在了山西应县，也就是今天人们看到的这座古老神奇的应县木塔了。这么一个传说仅供读者娱乐。

其实，应县木塔建于辽清宁二年，也就是1056年。整个木塔高达六十七点一三米，最底层的直径达到了三十点二七米，整座塔重量约有七千四百吨，是一个庞然大物。应县木塔分为三个部分：塔基、塔身、塔刹。整个木塔从外面看是五层，但每一层中间又有一个暗层，这座木塔实为九层。在塔的建造中，没用一根铁钉子，但是却拥有良好的防震结构，这在建筑学上有着非常高的参考价值。

应县木塔在减震和构造上的设计非常科学，刚柔相济，减震、避险等多方面都进行了合理的规划，有些设计甚至超过了现代人的设计。木塔内部在构造上，没有使用钉子进行接合，采用的是构件互相榫卯咬合，区别于其他佛塔的地方是在暗层中间，增加了许多弦向和经向斜撑，这样在结构上就更具硬度，使得木塔遇到大的地震和伤害的时候，能更有力地减少损害。区别于普通佛塔的内外相套的八角形，各种梁、枋构成的双层套筒式结构，都增强了塔本身的抗震性。

应县木塔的另外一个特点就是斗栱了。斗栱是我国古代建筑的独特设计。应县木塔中，采用各式各样的斗栱多达

▲ 应县木塔剖面图

五十四种，这在平常建筑中是非常罕见的，因此这里也被称为"斗栱博物馆"。由于斗栱本身的结构是柔性设计，所以在遇到大的地震的时候，塔身就可以自动减缓外界冲击力，从而很好地保护了塔的完整。

应县木塔自建成之后，遭受了很多次的自然灾害和人为制造的灾害。元朝时期曾发生连续七天的大地震，周围很多建筑物都倒塌了，唯有应县木塔依然屹立。民国时期，应县木塔也受到战争的影响，曾经中弹两百多发，让人惊奇的是，它依然没有倒塌，可见其设计、建造多么精良。

● 中国古代建筑是如何防震的？

中国古建筑与西方建筑的最大区别在于，西方多为砖石结构，而我国古建筑则多为木制建筑，这样，西方的抗震理念是"以刚克刚"，而我国古代则多是"以柔克刚"。

首先，木质结构的房屋，相对来说，柔性较好，有一定的伸缩性，可以在地震时缓冲地震带来的拉伸破坏。其次，木材和泥土相结合，加工、组合方便，因本身质量上就轻，减小了地震的破坏力。另外，中国古建筑的框架体系，可以达到一定的自行恢复效果，而其中的如灵活的斗栱、完美的古式台基、合理的梁架工艺、关键应变的榫卯结构等等，这些都是中国古建筑"以柔克刚"的防震基本方法，也是最具中国特色的房屋建设技巧。

40 开封铁塔
真是用铁建造的吗？

　　不同的朝代热衷于不同的建筑材料。汉代的塔多以木构或土筑结构，一方面是砖石的制作数量不足以应用到所有建筑上，另一方面是建筑水平还达不到要求。宋辽时期整体建筑水平有所提高，砖石砌筑广泛应用于佛塔的兴建，砖石塔的外观华丽，结构坚固，保存长久。

　　在河南省开封市东北角，一座褐色的高塔颇引人注目，因其外表镶嵌的褐色琉璃瓦远远看去与铁色酷似，当地人称此塔为开封铁塔。"铁塔"是元代以后的称呼，又称开宝寺塔、祐国寺塔等，为目前国内最高大的琉璃塔之一。

　　开封铁塔最早建于宋朝，当时宋朝攻打南方的吴越，很快，吴越由于国力弱小，抵挡不住便投降了宋朝，并且把国内珍藏的佛舍利贡献给了宋朝政府，当时的宋朝皇帝赵光义为了保存这些佛舍利，便建造了一座佛塔，这就是开封铁塔的前身。据史料记载，铁塔的前身是一座木塔，当时这塔建在开宝寺福胜院内，故名"福胜塔"，由北宋建筑学家喻皓设计并监督修建，在端拱二年（989年）建成。该塔呈八角形，共十三层，高达一百二十米，塔上安千佛万菩萨，下奉阿育王佛舍利。这座塔非常奇怪，建成时塔身就向北倾斜，众人以为是建造时的失误，而喻浩却说，京师地平无山而多西北风，建成斜塔的目的，是为了防止木塔被

▲ 开封铁塔并非铁制

风吹倒，并预言说这座塔不到百年就会正了。

喻浩是北宋著名的建筑大师，在《梦溪笔谈》中，还记录了另一则他与塔之间的故事。

北宋时的吴越王曾在杭州梵天寺修建一座木塔，建了两三层以后，吴越王登塔检查，觉得脚下晃动的厉害，于是询问工匠。工匠回答说是因为塔还没有完工，顶上没有铺瓦，上面比较轻，所以才会晃动。谁知铺上瓦以后，木塔还像当初一样晃动。工匠实在没有办法，就悄悄地让自己的妻子去找喻皓的妻子，要她向喻皓打听木塔晃动的原因，并酬谢她一根金钗。喻皓知道后笑着说："这很容易，只要逐层铺好木板，用钉子钉牢，就不会晃动了。"工匠照做之后，塔身果然稳定了。这是因为钉牢后的木板将塔的上、下、左、右、前、后六面紧密连接成了一体，人踩在楼板上，楼板受到的力通过木板传递到上下及四周的板壁上，这样塔的各部分受力均匀，自然就不会晃动了。

令人惋惜的是，喻皓造塔的技术虽然高超，但是依然抵不过天灾人祸，他所建造的"斜塔"在建成五十五年后毁于一场雷火，他的预言也就再也无法证实了。宋仁宗只好重建开封塔，他将塔址换了一个地方，也就是现在开封铁塔的位置。为了防止再次遭雷火烧毁，便将容易着火的木制材料换成了砖和琉璃面砖，这就是今天的开封铁塔了。之所以叫

▼ 开封铁塔
（局部）

做铁塔，就是因为外面全部用褐色琉璃瓦镶嵌，从远处观看犹如铁塔一样，所以称这座佛塔为铁塔，其实佛塔为砖制，并非为铁塔。

开封铁塔是我国琉璃塔中的一个经典，它是仿木结构仿楼阁式佛塔，但却不是一座真正的楼阁式塔。铁塔塔身为八角，一共有十三层，基座及八棱方池因黄河泛滥埋淤地下，整座铁塔现在高约五十五点八八米。其实，加上黄河淤泥掩

埋的底座部分，铁塔本身可能还要更高，大概能达到五十九米甚至是六十米。

开封铁塔，不仅仅是宗教建筑的代表，它在建筑艺术上也是颇有建树。在外层的砖面上，光图案就有五十多种，这里面有佛教众僧、麒麟神兽、宝相花等等，这些都是宋代砖雕艺术的体现。另外，各层出檐以重抄计心五铺作斗栱承托，在第二层往上走，每层都开有窗户，方便登高远眺，在建塔的过程中，也考虑到了众多因素，水患、风患、地震等等，使得铁塔虽经历九百余年，仍然屹立于此，这不得不说是建塔艺术的一个相当大的成就。

开封铁塔，被称为"天下第一塔"，这里有它艺术层面的优势，也自然有建筑层面留给人们的震撼。元朝冯子振曾对它有过贴切的评价：

擎天一柱碍云低，破暗功同日月齐。
半夜火龙翻地轴，八方星象下天梯。
光摇潋滟沿珠蚌，影落沧溟照水犀。
火焰逼人高万丈，倒提铁笔向空题。

这就是"天下第一塔"最真实的面貌！

● **中国建筑史上有没有真正的铁塔呢？**

开封铁塔虽名为铁塔但却是一座砖塔，那么中国建筑史上有没有真正的铁塔呢？其实，真正的铁塔在陕西省咸阳市的十五公里外的北杜镇上倒是有一座，它是著名的北杜铁塔，又名"千佛塔"。这座铁塔是我国最高的铁塔，高约三十三米，边宽为三米，为纯铁制造，塔内有梯子可以直达顶端，每层铁塔都有窗户，可以向外观望。铁塔内铸有千尊佛像，"千佛塔"因此得名。这座铁塔为明朝的大太监杜茂所建，塔身上还专门记载了建造铁塔的故事。

41 唐代建造的大雁塔
会变成比萨斜塔吗？

　　吴承恩的《西游记》中，唐僧师徒历经九九八十一难，方才为芸芸众生取回真经。而在历史上，唐僧的原型玄奘法师的确是跋山涉水、历尽苦难才取回佛经的。他取回这些珍贵的佛经之后，为了潜心翻译这些经卷，也为了能够长久保存它们，便决定修建一处佛塔，将佛经存放在塔内。今天西安市的慈恩寺内，依然屹立的宏伟的大雁塔就是当年玄奘法师为保存经书而修建的佛塔。

　　关于大雁塔的修建，历史上有很多传说，其中有一个传说是讲玄奘

▼ 慈恩寺大雁塔

法师为报恩而修塔的。

据说，玄奘法师到西方取经的时候，途径戈壁沙漠，结果在可怕的葫芦滩迷了路，怎么走也走不出来，带的食物和水都已用尽。他正犯愁之际，忽见远处飞来一大一小两只大雁，玄奘法师便毕恭毕敬地问道："我是大唐皇帝派去西天取经的和尚，今天在这里迷了路，怎么也走不出去了，已是水尽粮绝，希望两只神雁能为我指点迷津。如果能够回到长安，一定为你们建塔以示感谢。"

非常神奇的是，两只大雁果真领着玄奘法师走出了葫芦滩。等到玄奘法师取经归来的时候，仍然记得自己当初的诺言，便修建了两座佛塔——大雁塔和小雁塔。

大雁塔又名大慈恩寺塔，原来叫做大慈恩浮屠（"浮屠"即塔）。它是唐朝佛教建筑中比较有名的建筑，其建筑设计具有一定的代表性。

▲ 大雁塔门楣石刻所示唐代佛殿

大雁塔是一座砖表土心的五层佛塔，经过几十年的风雨侵蚀，到武则天时期已经破烂不堪。武则天是一个崇尚佛教的人，于是派人重新修葺了佛塔，并扩建成了一座七层的佛塔，这也就是后来人们见到的大雁塔，并且还衍生出了一句话"救人一命，胜造七级浮屠"。

大雁塔是砖仿木结构的四方形楼阁式砖塔，整个大雁塔高六十四点五米，塔基高度为四点二米，整个塔身成一个方锥形状，底边长度有二十五点五米，塔身高度达到了约六十米，塔刹则有四点八七米，这在我国的佛塔中算是比较高的了。大雁塔底部四周都有石门，塔身的建造主要是磨砖对缝砌成的，结构相当严谨，建造坚固。另外斗栱、飞椽等也都各具特色。塔的内部跟外部的结构一样，都是呈现一个正方形，每层都有楼板，然后通过扶梯攀爬，最终可以攀爬到楼顶处，这是内部的结构。

由于大雁塔是佛塔，所以在其门窗、窗棂等的装饰上主要是阐述佛教真理，并且刻有很多的佛像，在雕刻上追求的是一种至真至诚的精美，人们看到这些精美绝伦的雕刻艺术，仿佛就进入了一个清新的佛的世界，这也是大雁塔建筑特点之一。

现如今，大雁塔出现了一些倾斜，1985年测量是九百九十八毫米，到了1996年甚至超过了一米。为了保护有着重要历史价值的古代宗教建筑，管理方已经对大雁塔进行了加固处理，以防止它继续倾斜。

● 大雁塔下有藏宝的地宫吗？

据传说，玄奘法师从天竺取真经回来之后，不仅仅带回了佛教真理，还带回了很多的稀世珍宝，在唐政府的支持下，他修建了大雁塔。同时，在大雁塔底部，他主持修建了存放财宝的地宫。不过，至今这座地宫是否有宝仍然是一个谜。经过科学家们用雷达进行测量，初步确定了此处的确有一处地宫，但究竟是否存放了玄奘法师带回来的稀世珍宝却不得而知。其实，类似佛塔之下或者宗教建筑下有地宫并不少见，著名的陕西扶风法门寺地宫就是非常著名的一座，里面曾出土了大量稀世珍宝，其中就包括释迦牟尼佛指骨舍利。

42 苏公塔采用了无任何木料的灰砖结构，
它是如何建成的？

　　新疆维吾尔自治区的吐鲁番市东郊地区的葡萄乡木纳格村，有一座伊斯兰教风格的古塔，与其他地区的宗教古塔有显著区别的是，它在建造的时候，基本上没有用任何木料，而是全凭砖块砌成的。这是我国境内伊斯兰教建筑中最雄伟、最壮观、最有特色的一座古塔。那么，在美丽的吐鲁番，为什么要建造这么一座雄伟壮观的伊斯兰古塔呢？

　　据说，这座塔是著名的维吾尔族建筑大师伊布拉因设计的，1777年建成的古塔到现如今已经有两百多年的历史，而建造这座古塔的是当时吐鲁番郡王额敏和卓和他的儿子苏来曼。额敏在清朝时期，先是帮助当时的清政府平定了准格尔叛乱，后又平定了大小和卓叛乱。他在这几次战役中屡建奇功，为清朝政府的政权统一立下了汗马功劳。清政府最后将他封为郡王，而额敏和自己的儿子苏来曼为了显示自己对于清政府的忠心，以及自己感谢清政府的恩泽，也为了让自己的功绩能够流芳百世，便决定修建一座伊斯兰风格的古塔。这样，额敏花费了白银七千两，修建成了这座壮观雄伟的古塔——苏公塔。

　　苏公塔被维吾尔族人民称为"吐鲁番塔"，又因为是额敏为自己所建，所以又称它为"额敏塔"。苏公塔是新疆最

▲ 吐鲁番苏公塔塔身

大的伊斯兰风格塔，塔全部是用青灰色砖砌成的，呈圆锥形，底面直径十一米，顶部直径为二点八米，高达四十米，除了顶部的窗棂外，其他地方没有用任何木料，这也是该古塔建筑的一个最为明显的特点。

古塔的中间，是一个螺旋式的中心柱，以此来支撑整个塔身的重量，围绕其旁边的是拾级而上的用砖砌成的阶梯，螺旋式的阶梯一共有七十二级。通过这个阶梯可以直到古塔的最顶端，古塔的顶端大约有十平方米的空间，可供到达此处的人瞭望，古塔的最顶端是穹隆顶，顶上有一些铸铁的装饰。

由于古塔的所有材料都是青灰色的砖，明显让人感到枯燥。因此设计师在修建的时候，并没有采用简单的堆砌，而是利用仅有的材料设计出了许多图案，来丰富古塔的形态，塔身上被拼出了浪花、团花等图案。

另外，在塔的旁边，还有一座建筑，称作礼拜寺。这里占地面积达到了两千五百平方米，它是当地群众举行大型集会和活动的主要场所，整个寺可以容纳上千人做礼拜。在建材上，礼拜寺选取了当地的生土坯，这其实是新疆吐鲁番一带常见的一种建造方法。利用阴干的土坯进行建筑，可以更好地保存房屋。

新疆吐鲁番苏公塔和伊斯兰礼拜寺，都是这个地区颇具地方特色和宗教特色的典型建筑，也给当地人留下了一份极具特色的建筑遗产。

● **吐鲁番郡王夏府为何是一座"凉棚"？**

　　吐鲁番除了比较出名的苏公塔和礼拜寺以外，还有一座非常著名的伊斯兰风格建筑——郡王夏府。这座王府最有特点的当属它的巨大凉棚了。郡王夏府建造于清代，是吐鲁番郡王夏季避暑办公的地点，为一座二层小楼，建筑面积达到了一千一百平方米。尤为引人注目的是，小楼的前面是一个巨大的凉棚，由十二根柱子支撑，在一楼和二楼之间有木制楼梯连接，而二楼上还有两米宽的走廊。这座独特的新疆伊斯兰风格建筑，是吐鲁番一带保存最完整的建筑物之一。

"十屋九塌" 的大地震
缘何震不倒密檐式千年古塔?

  云南大理是一个风景秀丽的地方,在古代,这里佛教非常兴盛,大理国曾经一度被称为"佛国"。佛教的兴盛也促进了这里佛教建筑的兴盛,在洱海畔曾经有一座知名古刹——崇圣寺,当时所有大的佛教活动都在这里举行。这座寺庙如今已不复存在,却留下了三座千年不倒的佛教古塔——千寻塔和南北两座小塔,"大理三塔"是我国南方地区留存下来的最古老、最雄伟的经典宗教建筑。

  崇圣寺的这三座塔,中间的千寻塔又叫做中塔,全名叫做"法界通灵明道乘塔",它在三塔之中是最高的,达到六十九点一三米,另外两座比较小的塔,南塔大约三十八点二五米,北塔有三十八点八五米。在

▲ 崇圣寺

中间的千寻塔的顶端四角，设计者专门放置了铜铸的金翅鸟，远看非常耀眼、壮观。关于这只鸟还有一个有趣的故事呢。

据说，在建造千寻塔的时候，旁边的洱海有一头龙妖水怪经常出来祸害百姓。千寻塔的建造者就在塔的顶端放置了一件特殊的装饰物——金翅鸟，专门用来镇压龙妖水怪，使得老百姓能够过上安稳的日子。这只金翅鸟就是佛教传说中的大鹏金翅鸟，它法力非凡，当地的白族人都叫它金鸡，一方面是因为它是白族的图腾，另一方面它也代表了当地文化和佛教文化的融合。

千寻塔具体的造塔时间不太确定，至今约有一千一百年的历史了。千寻塔一共十六层，是砖结构空心密檐塔，在我国偶数古塔中算是最高的了。另外，它的底座如同其他的密檐塔一样，都比较高，而上面的檐则相对较密，是檐数最多的一座古塔，也是比例最细的一个。千寻塔的中部略微往外凸出，往上再缓慢收缩，檐的四角都是往上翘起，而中部则往里和下凹进去，这些跟普通的唐朝时期的古密檐佛塔类似。塔内部

▼ 大理千寻塔

在古代的时候有"井"形的楼梯可以上去，现在则已经没有了。而另外两座小塔则是八角平面砖砌密檐式塔。

密檐式塔是我国佛教古塔的主要类型之一，它是楼阁式古塔演变而来的新式古塔，从外观上来看，这种古塔样子非常美丽、壮观。

云南大理是一个多自然灾害的地方，在这里曾经发生了数次比较大的地震，但是这些人类无法预知和阻挡的灾难却并没有损坏这三座千年古塔，这究竟是为什么呢？

千寻塔的建造使用了当时最为先进的建筑技术，有些技术方法在现代看来仍然十分高超。它整个外形呈一个方形，但内部却是空心筒式的结构，这种结构最大的优点就是它有很大的向心拉力，能减少横力的影响，最大程度减小了地震和风的危害。另外，在每个细节上，千寻塔的建造都是精益求精，从选址到塔基，再到塔内的设计，这些精细之处增强了塔的抗震能力。

当然，虽然这三座古塔抗震能力比较强，但也并不是说不受地震的影响——中塔后面的两座小塔，已经有点倾斜了，倾斜的原因尚不明确，倾斜的角度虽然非常大，但塔身的结构依然良好，不能不说这是古塔建筑上的一个杰出作品。

● **吸引九位大理皇帝出家的崇圣寺缘何只剩一片废墟？**

　　千寻塔所在的千年古刹崇圣寺如今只剩下一片废墟了。崇圣寺原本在云南大理的凤凰山南麓，最早开建于唐朝咸通十一年，当时寺庙建立时，寺基方七里，房屋达到了八百多间，佛像大约有一万尊，用人达到了七十万之多，规模可谓是大理寺庙之最了。寺庙建成之后，相当受重视，大理有九位皇帝在这里出家，当时香火兴旺，还经过数次的修建和扩建。可惜的是，经过数次地震之后，寺庙的大部分建筑全部都被震毁，只剩下三塔还矗立在原来的位置。

"奇、悬、巧"的空中寺庙
是怎么建成的？

在我国建筑史上，有一种建筑可谓是"惊心动魄"，它总是选择在被认为不可能的地方进行建造，虽然历经千百年，但它们依然完好地架在空中，这就是被认为是世界上最危险的建筑——"悬空寺"。

中国比较有名的有九座悬空寺：北方有七座，南方有两座。北方的七座分别是山西大同恒山悬空寺、山西宁武小悬空寺、山西广灵小悬空寺、山西神池辘轳窑沟悬空寺、河北苍岩山悬空寺、河南淇县朝阳悬空寺、青海西宁悬空寺。南方的两座是浙江建德大慈岩悬空寺、云南西山悬空寺。悬空寺的建造是世界建筑史上的奇迹，其中山西恒山的悬空寺最负盛名。恒山的悬空寺也是佛、道、儒三合一的罕见寺庙。

▼ 浙江建德的
大慈岩悬空寺

各地的悬空寺虽然大体一样，但也各具特色。

山西大同恒山悬空寺全部建造在悬崖之上，在寺的底部仅仅看到几根细细的长木柱支撑着，感觉是如此的岌岌可危。而从上往下看，则能直面下方的谷底深渊，让人不免眼晕，而为什么不把这寺庙建在下面，反而要建得如此"心惊胆战"呢？据说，当时这寺庙的下面是交通要道，客流量非常大，为了方便游人能够参拜佛祖，而又不影响正常的交通，便在这悬崖之上修建寺庙；另外一个原因是这里经常发生水灾，五十米之上的寺庙，不容易受到灾害的破坏，所以就将寺庙建立在了悬崖之上。

悬空寺是多个宗教元素合一的建筑作品，本名原叫做"玄空阁"，而"玄"字主要是体现的道教思想，"空"反映的佛教思想，阁则体现了寺庙建立的地方，后来又由于建筑本身在悬崖之上，属于悬在空中，所以给它改名"悬空寺"。

恒山悬空寺的建筑特点明显，主要是为了体现"奇、悬、巧"。悬空寺在选址上非常奇特，它两边是百丈悬崖，寺庙距离地面有几十米，这是十分罕见的。细细的木柱支撑着整个寺庙，走在上面还"咯吱"作

▲ 恒山悬空寺全景

响，仿佛一不小心就会掉下深渊一样，实际情况是这寺庙虽然经历千年，却依然牢固。而在建造寺庙的上方则有一块突出的岩石，既能起到为寺庙遮风挡雨的效果，另外还能遮挡夏日强烈的日光，即使到了太阳最好的时候，这日光也仅能照射寺庙三个小时，这就有利地保护寺庙千年不毁了。

另外一点是"悬"。悬空寺从外观上看，下面有一些木柱支撑，其实这只是一小方面，更多起到支撑作用的是插入岩石中的横木飞梁，这些横木飞梁都是经过桐油浸过的铁杉木做成的，既能防腐，又不怕白蚁咬。另外，飞梁的位置也是经过精确计算，每根飞梁的作用都不相同，有的是起到支撑作用，有的是起到平衡作用。

再一点就是"巧"了，在如此危险的地方修建寺庙，如果不巧的话，是无法完成这项工程的，修建的过程中充分考虑到了地形的因素，利用岩壁和木结构的寺庙相结合，制造出如此惊险的效果来。暴露在外面的是木质结构的寺庙，而在悬崖里面，还有纵深，也就是石窟，人们沿着道路进入其中，感受到的是悬空寺的另外一番天地。

在山西大同悬空寺的栈道旁边的石壁上，刻着四个大字"公输天巧"，这就是对悬空寺最好、最准确的概括。

● 陡峭悬崖之间的拱桥上竟然有寺庙建筑，这是怎么回事？

在河北苍岩山上有一处非常惊险的建筑，这就是有着"桥殿飞虹"奇观的桥楼殿了。整座桥楼殿建于隋朝时期，位于苍岩山的两个陡峭的悬崖中间，长一百五十米，宽为八十米，其中，桥为敞肩拱式的石制拱桥，而在拱桥上方就是桥楼殿堂。桥身和楼阁上，都有精美的佛教文化雕刻，手法细腻，图案美轮美奂，与这惊险搭配得天然合理。另外整个建筑在满客的时候，总重量竟然会达到三十五吨，而对拱桥的力学研究中发现，它并未达到理论上的建设标准，究竟是如何安全架在悬崖峭壁之间的，至今仍是一个谜。

宏伟的布达拉宫
设计了多少间房子呢？

在青藏高原上，有一座白色的宫殿式建筑颇引人注目，这就是举世闻名的布达拉宫。

布达拉宫是一座宗教建筑。在西藏，布达拉宫拥有非凡的地位，它是拉萨乃至西藏的地标。人们不禁有这样的疑问，在遥远的古代，究竟是如何在世界屋脊上修建成这样一座宏伟建筑的呢？

唐朝初期的公元七世纪，西藏地方的吐蕃王朝日益强盛起来，但其科技远没有唐帝国发达，于是当时的吐蕃赞普松赞干布便向唐朝政府提

▲ 布达拉宫正面外景

▼ 布达拉宫大殿内景

出了和亲请求：一是与唐友好相交；另外一个目的是学习唐朝先进的技术。于是，唐太宗李世民派文成公主来到西藏与吐蕃赞普松赞干布成亲。

文成公主不仅带来了大量的财宝，也带来了许多能工巧匠，这对西藏的发展起到了巨大的作用，松赞干布非常高兴，决定要修建一座规模宏大的新宫殿供文成公主居住。他思来想去，最终选定了红山作为新宫殿的地址。他下令将这座宫殿建造九百九十九间屋子，而且整个宫殿必须要恢宏、有气势。这一方面是为了彰显自己的丰功伟绩能够让后世子孙看到，另外也体现出吐蕃的气势。

从落成算起，布达拉宫已经有一千三百多年的历史了。如今看来，它依然相当恢宏壮观。从外观来看，布达拉宫有十三层，其高度约为一百一十五点七米，主要由东部的白宫和中部的红宫两部分组成。

今天我们看到的布达拉宫经过了几代人的修建。五世达赖受封后，他专门派人重修了布达拉宫，而到了十三世达赖喇嘛，又花费了整整八年的时间，再次对布达拉宫进行大规模的修建，据说这次修建共花费二百一十三万两白银。

那么，布达拉宫有着怎样的艺术特色呢？

其实，布达拉宫有两个最显著的特点：一是它庞大的规模以及富丽堂皇的藏式宫殿建筑特色；二是布达拉宫与自然有机融合的水平。

布达拉宫在建造的时候，采用的是木石结构。外墙全部用了花岗岩石，高度有数十米，而厚度则在三到五米之间。修建外墙的时候，并不单纯用这种方式，而是每隔一段距离，就在墙上灌注铁水，就如同现在的钢筋混凝土一样，如此的设计使得其更加坚固，使得它的抗灾害能力得到了显著提升。在其顶部，所有的门窗、屋檐等等，都是木质结构。这样的艺术手法，创造了大量的雕饰，非常具有西藏风格，在最上面的屋顶融合运用了歇山式和攒尖式的建筑风格。

另一方面，布达拉宫与大自然的融合也是天衣无缝。整个宫殿建筑群是从红山脚下一路建造到红山的山顶，从远处看来，山与宫殿融为一体，丝毫看不出有任何的不协调。在修建的时候，布达拉宫的地基往往深入山体的岩石中。另外，整个宫殿整体依山而建，迂回曲折，是遵从自然规律的人为建设。

辉煌的布达拉宫身后是无数劳动人民辛勤的汗水，与现代不同，工匠们是在没有任何辅助机械工具的情况下修建的。他们完全依靠自己的聪明才智和人力，在世界屋脊上修建了东方高原上这颗最璀璨的明珠。

● 布达拉宫的"屋包山"是怎么回事？

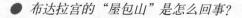

在西藏寺庙的建造中，因为地形的原因，在建造初期更多地会考虑对附近环境的影响。布达拉宫的建造就是综合考虑了地形因素，在红山上建造的，形成的是一种"屋包山"的建筑格局，就是一个寺庙建筑整个建立在一个山头上，寺庙和山融为一体，依据山势整个寺庙犹如包袱一样，把山全部覆盖过来，这就形成了"屋包山"的形式了，这样更好地把寺庙的特殊宇宙观和美学观念融合在一起了。

46 有 "雪域首刹" 之称的大昭寺
是填湖而建的吗?

①文成公主也
是在这一年
入藏的,她
曾 参 与 设
计、建造大
昭寺。

▼ 立于西藏
大昭寺门前的
唐蕃会盟碑

　　美丽的西藏,有 "先有大昭寺,后有拉萨城" 的说法,这句话显示出了大昭寺重要地位。大昭寺位于拉萨的城中心,从地理到人们的信仰,大昭寺都处在西藏的中心位置。

　　大昭寺是松赞干布为了纪念尼泊尔尺尊公主(在迎娶文成公主之前,松赞干布曾迎娶尼泊尔的尺尊公主为妃)而修建的,后来经过不断修葺和扩建,大昭寺逐渐形成了一个藏族风格寺庙建筑群。

　　大昭寺始建于唐贞观十五年(641年)①,到唐永徽六年(655年)

建成，用了整整十五年的时间，建造之艰辛可以想见。这里有一个关于大昭寺修建的传说。

据说大昭寺开始建的时候，文成公主曾让唐朝匠人卜算风水。她告诉松赞干布，整个西藏的地形其实就是一个卧着的罗刹女，要建造大昭寺，必须选在拉萨的卧塘湖的湖心。因为卧塘湖是罗刹女的心脏，只有压住了心脏，西藏才能有更好的发展。

地方选好了，可是如何在湖心建寺呢？文成公主又提出必须填湖建寺，松赞干布听取了她的建议，下令填湖。当时西藏吐蕃的运输主要是靠山羊来运输，于是就出现了成千上万只山羊驮着泥土来填湖的壮观场面。在后来寺院建好以后，为了纪念为建寺做出贡献的山羊，便把寺院定名为"惹刹"，因为在藏语中，"惹刹"就是山羊驮土的意思，拉萨也是这个词的谐音。大昭寺的名字，是在明清时期改过来的。

大昭寺建成后，拉萨城果真逐渐发展起来了。

大昭寺现在位于西藏拉萨的旧城八廓街的中心地段，寺院是坐东向西，占地面积达到了一万三千平方米，建筑面积则有两万五千多平方米，整个建筑群分成了南北两院，由一些二层到四层的藏式楼房组成，其建筑风格融合

▲ 大昭寺主殿金顶

唐朝初期的汉族建筑特色，也吸收了尼泊尔和印度等地的建筑风格，再加上藏族的特色融合而成。

大昭寺建筑群，主要是以觉康主殿为中心建造的。觉康主殿为正方形建筑，五开间二层，在东、西、南都有入口，正门是从西边进入。其他建筑围绕其四周建造。不过，大部分都是后期进行建造的，只有觉康大殿保存着最早古代吐蕃时期的藏式建筑风格。仔细观察大殿里的斗栱、梁枋、立柱以及一些装饰的飞天等等，都能感受到当时的建筑特色。

在大昭寺初期建造时，规模相对较小，只有八座宫殿。经过后世不断扩建，大昭寺规模逐步扩大，建筑风格也有了一定的变化。而且其建筑也根据需求有了变化，主要是三个原因：第一，必须满足人们游览大昭寺时顺时针游览的需要；第二，必须能够容纳万人以上，满足集会的需求；第三，作为办公的场所，要满足政治上的需求。所以，后来的修建，藏式建筑结构中更多地融入了功能化的建筑。

后来，又融入了曲径通幽的理念，每每设计一个门口，都有它独特的象征意义。当佛教僧徒们穿过这一道道门的时候，就逐渐到达了佛的世界。

● "令人一见，即生敬信"的藏传寺庙建筑美在哪里？

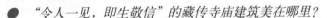

　　大昭寺、小昭寺都属于藏传佛教寺庙，建筑具有浓郁的西藏风情。而在建筑美学设计上，它主要是让人产生精神上的依托，进入建筑物让人有一种"令人一见，即生敬信"的感觉。藏传寺庙在内部装饰上更加强化了西藏寺庙文化特色，除了在建筑物本身的一些窗户、门楣、立柱以及墙壁上制作精美的木雕或者绘画，还设置了很多柱幡法幢，这样，信徒走进寺庙、宫殿之后，仿佛来到了西藏佛教所描绘的香巴拉世界，信徒就全身心进入到一个佛的世界了。

为何说车子陷在沙里 就有了小昭寺？

在西藏拉萨第一藏传佛教寺庙——大昭寺北面不到五百米的地方，有一座稍小一点的寺庙，这就是有名的"小昭寺"。小昭寺虽不及大昭寺辉煌宏大，但却有自己的特点。它是西藏一座典型的仿汉唐寺庙建筑，它充分地融合了藏传佛教寺庙的建筑特点，可谓是汉藏合璧的典型宗教建筑。

小昭寺藏语的名字叫做"甲达绕木切"，"甲达"就是汉人的意思，而"绕木切"则是院子的意思，从名字上也能看出小昭寺的汉唐风格，为什么要在大昭寺不远处建造一座汉唐和西藏风格结合的寺庙呢？

据说，文成公主进藏时，带来两个力士贾伽与鲁伽，他们用木车推着一座从唐朝长安带来的释迦牟尼十二岁等身像，这是作为文成公主的陪嫁送到西藏来的。可是，当走到现如今小昭寺这个地方的时候，车子突然陷到沙地里不能前行了，他们便在这里立下四根柱子，然后盖上白绸把佛祖的等身像供养了起来。

文成公主知道了这件事情之

▲ 罗布林卡壁画中的《文成公主进藏图》

后，她通过历算得知此地原是龙宫，释迦牟尼的等身像应该安放在此，于是便要求在这个地方建立寺庙，对佛祖等身像进行供奉，这样便能够使得吐蕃王朝更加兴旺。仅仅用了一年的时间，小昭寺便完工了。竣工后，松赞干布专门为小昭寺的落成大摆宴席，并且为之开光。

▼ 文成公主塑像

小昭寺面积约四千平方米，其前半部分主要是庭院，后半部分包括门楼、神殿和转经回廊等一些建筑物。当时跟随文成公主而来的很多唐朝工匠也参与了小昭寺修建，因此这座宫殿融入了汉唐特色——门庭柱头上的雕刻古朴典雅，带有非常明显的唐朝时期的雕刻艺术风格。

小昭寺的规模不算大。它的后院门楼高三层，最底层是明亮的明廊，有十根柱子支撑，都是零点八米粗细，为十六棱形，上面还有精美的雕刻，这些雕刻也是汉唐艺术风格。

穿过门楼，就来到绕神殿一周的转经回廊，回廊的壁画都是藏传佛教内容。主体神殿有三层高，分成门庭、经堂、佛殿三个组成部分。三个部分以门庭为最前方，中间是经堂，最后面就是佛殿。佛殿后部的金顶殿的顶具有明显的汉唐风格，金顶属于歇山式建筑，它和下面的藏式建筑风格融合，非常和谐。

小昭寺的建筑特色体现着汉唐之风对西藏本地寺庙建筑的影响，也是汉藏民族友好交流的象征。

● 藏传佛教寺庙里的"边玛墙"是什么？

大昭寺和小昭寺都属于西藏寺庙，它们都有一个西藏建筑的独特之处"边玛墙"。它是藏族人民智慧的结晶，藏族人民因地制宜，利用当地特殊的材料进行制作，"边玛墙"是用灌木怪柳做成的，大多都是用木钉固定在女儿墙的外面，刷成红色。"边玛墙"的重量较轻，减轻了墙体的压力，它在具有装饰作用的同时，还可以体现寺庙中的宗教特色。

48 "世界第一大佛" 肚子里藏着什么 "玄机"？

四川省乐山市有一处陡峭的崖壁，这里地处岷江、青衣江和大渡河的交汇处。悬崖峭壁之下，奔腾的江水穿山而过，景色非常壮观。这里的一处岩壁上，有一座巨大的弥勒佛坐像，他慈眉善目，临江而坐，像一位智慧的老者看着世间万物沧海桑田的变迁。这就是举世闻名的世界第一大石刻佛像——乐山大佛，也称"凌云大佛"。

▼ 乐山大佛

乐山大佛依山崖而刻，他的头与山顶平齐，两只脚踏于江岸，双手自然放于膝上，体态非常匀称，神情更是肃穆庄严。大佛高有七十一米，仅耳朵就有七米长，脚面上可以围坐数百人，其体型之巨令人叹为观止。这座佛像开凿于公元713年，即唐玄宗开元初年，传说是当时的海通和尚为了遏制江水、普度众生而发起修凿的。关于这个过程，有一个有趣而动人的故事。

据说，唐朝初年，凌云山上有一座普通的寺院，叫凌云寺，寺里有一个修行多年的老和尚海通法师。凌云山下，是岷江、青衣江、大渡河的三江交汇处，这里波涛汹涌，水流湍急，经过这里的船只经常被怒吼的江水吞没。

每到夏季雨水暴涨的时候，肆虐的江水更是常常冲进周围的村庄田地，百姓家毁人亡，其状惨不忍睹。很多人难忍其苦，只好拖家带口，背井离乡。多年后，这一带成了一片萧条荒凉之地。海通法师看到这种惨景，感到十分痛心。他想，这里的江水如此猖獗，肯定是有水怪在作祟，如果在山崖上建造一座巨大的佛像，借佛祖的力量一定可以镇压得住。

于是，他就到处化缘，筹集开凿佛像的费用，由于工程量太大，海通法师去世的时候还没能完工，他的徒弟继承了他的遗志，继续修凿。经过几十年的施工，这尊举世大佛终于呈现于世人面前。

乐山大佛是一尊弥勒佛。唐朝崇尚弥勒佛，在佛教教义里，弥勒佛是三世佛中的未来佛，象征着光明和幸福。从这一点来说，这尊大佛也

▲ 乐山大佛头部

是人们对未来美好生活的一种向往。乐山大佛吸引我们的不仅是关于它的美丽传说，它的一些设计理念同样让后人叹服。

也许你不知道，在这尊大佛的身上，隐藏着一套完整而巧妙的排水系统。大佛的头部有十八层螺髻，其中的四、九、十八层中各有一条横向的排水沟，由于修建者用锤灰进行修饰，远远望去根本看不出任何痕迹；不仅如此，在大佛的衣领和褶皱里也暗藏玄机——这里也有排水沟，甚至耳垂和胸部也有孔洞通向外界。这样的设计能有效地防止大佛受到水的侵蚀而风化，这也就是乐山大佛能够经受住千年的风雨而屹立不倒的原因。

在大佛的左侧有一条可以直达大佛底部的凌云大道，在这里仰望大佛，更能感受到佛祖高高在上的威严；而它的右侧是一条能通大佛顶部的九曲古栈道，如果到达栈道的顶端，就能欣赏到大佛头部的精美雕刻。

大佛顶上的头发，一共有一千零二十一个螺髻，从远处看，这些发髻和佛头是浑然一体的，实际上它们是用石块一个个嵌上的。而那两个长达七米的佛耳和坚挺的鼻梁则是用木头做成的，外面抹上石灰，不仔细看，还真以为是用石头雕刻成的呢。

这座举世无双的大佛，让我们不仅感受到了中国古代建筑的魅力，也感受到了古代劳动人民的勤劳和智慧。

● 修造建筑用的脚手架是什么东西？

脚手架是建筑专业术语，用于比较高大的建筑物上，如高层楼阁，塔观等建筑，在施工修建的时候建筑工匠为解决高层施工，用竹木等材料随着建筑修建的高度搭起架子，通常架子呈井字形状，供工匠站在上面进行施工操作。

龙门石窟卢舍那大佛为何被传为武则天的化身？

　　佛教自传入中国之后，就受到了很多统治者的尊崇，他们以一国之力大力宣传佛教教义，教化百姓，以巩固自己的统治。为了表达自己对佛祖的虔诚，很多朝代的帝王在各地大规模雕刻了很多佛像群，如山西云冈石窟和河南龙门石窟等。龙门石窟是其中很有代表性的一处。

　　龙门石窟位于河南省洛阳市南郊的伊河两岸，南北绵延一公里，现存窟龛二千三百四十五个，佛塔七十余座，碑刻题记三千六百余品，造像更是达到十万余尊，是目前中国各大石窟中造像最多的。龙门石窟的营建是从北魏孝文帝时期开始的，历经东魏、西魏、北齐、北周、隋、唐和北宋等朝，期间断断续续达四百余年。据统计，北魏和唐朝两个历史时期开凿的窟龛最多，其中，北魏洞窟占百分之三十左右，唐代的则占到了百分之六十，其他的朝代只占百分之十左右。龙门石窟展现了不同历史时期的不同艺术风格。

　　唐代诗人白居易说过："洛都四郊，山水之胜，龙门首焉。"自古以来，洛阳的龙门就是一个山清水秀、景色怡人的好地方，历朝的统治者们选择在这里雕刻他们心中神圣的佛祖也是理所当然。

　　北魏和唐代的佛像风格迥异。北魏造像的生活气息浓厚，佛的形象

▲ 龙门石窟全景

显得温和而活泼，由于北魏时期以瘦为美，这一时期的佛像也显得轻灵飘逸。

唐代风格明显与北魏时期不同，唐人是以胖为美的，所以龙门石窟中的唐代佛像面部浑圆饱满、双肩宽厚有力、胸部微微隆起。另外，其衣饰纹路的雕刻方法由平直法变成圆刀法，故而显得更加自然流畅。唐代石窟造像在继承北魏传统的同时，还吸收了汉民族自身的特点，从而创造出一种雄健浑厚而又朴实自然的写实风格，将龙门石窟的佛雕带到艺术的顶峰。

奉先寺原名大卢舍那像窟，南北宽为三十四米、东西深为三十六米，它是龙门石窟中规模最为宏大、艺术最为精美的一座洞窟，主要佛像共有十一尊，这些盛唐时期的雕塑艺术代表着龙门石窟的最高水平，是中国石雕艺术史上的杰作。此窟开凿于武则天执政期间，共历时三年方告完成。洞中造像均面形丰肥饱满、两耳自然下垂，面容看上去平静安祥、亲切动人。

奉先寺内最著名的一尊佛像就是处于正中位置的卢舍那大佛像，这也是龙门石窟中最大的一尊佛像。卢舍那在梵语中是"光明普照"的意思。大佛像的总身高为十七点一四米，其中头高有四米，耳朵长有一点九米。这尊大佛面容生动丰满，嘴角微微翘起似在微笑，头部呈略微的俯视状，看上去很像是一位睿智的中年妇女，因此很多人认为，佛像的脸是仿武则天本人所制。

这尊大佛在修建时武则天曾"助脂粉钱两万贯"，而且还亲自参加了

▼ 龙门石窟卢舍那像

卢舍那大佛的开光仪式。据民间传说，当年在修建大佛时，工匠们曾一度为大佛的面容而伤透脑筋，他们不知道这尊受到武则天资助的佛像该有怎样的笑容。后来，有的人灵机一动，竟然把武则天的笑容赋予了这尊巨大的佛像。当然，这种说法还有待考证。武则天极度推崇佛教，她可能与卢舍那大佛确有一段难解的缘分。

在龙门石窟中，有一些窟龛很有特色，如潜溪寺、宾阳中洞、宾阳南洞、万佛洞、摩崖三佛龛、莲花洞、奉先寺、古阳洞等，这些佛龛里有大量精美的佛像和雕饰，是我国佛像雕刻的艺术精品。

让龙门石窟扬名中外的不仅是造型生动的佛像，这里的碑林与西安碑林、曲阜孔庙碑林并称为我国三大碑刻艺术中心。龙门石窟中的历代造像题记多达三千六百余品，其中以"龙门二十品"最为著名，是学书法者争相寻访临摹的对象。龙门石窟中的很多佛像都刻有"造像记"，造像记的书法遒劲有力，颇多变化，也是书法中的精品，为后世的历代文人所喜爱、推崇。

● **万佛洞里究竟有多少尊佛像？**

在龙门石窟，有一座著名的万佛洞，这个窟龛位于龙门西山中部的崖壁上，是为唐高宗和武则天做"功德"而开凿的。佛洞里南北两面洞壁上密密麻麻地雕刻着无数小小的坐佛，这些坐佛高度只有四厘米，但是雕刻却极其精致，生动传神。据统计，万佛洞里的小坐佛数量竟然有一万五千多尊，这在世界佛像雕刻史上也是绝无仅有的。也许，建造者想通过这个洞窟表现出一种群心向佛，其乐融融的意境吧。这个洞窟还有更为奇特之处，负责营造这座具有重要历史价值和艺术价值洞窟的人竟然是两位女性，一位是朝廷的女官姚神表，另一位是出家尼姑内道场的智运禅师。

50 恭城的武庙为什么和文庙 建在同一座山上？

按照传统，自古文人尊称孔子为老师，武将则尊称关羽为师傅，所以，全国各地有很多供奉孔子与关公的庙宇，一般称为文庙与武庙。为了表达各自对祖师的虔诚，文庙与武庙是不建在一起的。可是，在广西壮族自治区的恭城山上却有一文一武两座庙宇同处一地，相得益彰，形成了中国建筑史上绝无仅有的奇特景观。

广西恭城印山有两道山脊，一东一西，一左一右，恭城武庙在右山脊上，而文庙在左山脊上，这两座庙宇既遥相呼应，又浑然一体。两庙分别供奉着关公和孔子。

武庙始建于明朝万历年间（1573-1620年），后来经过几次重修，现在我们所看到的武庙是清代同治年间修建的。武庙总宽为三十二点五五米，进深为六六点八米。武庙的建筑主要采用了木架构和砖墙混合承重式结构。武庙建筑有一个奇怪的设置——没有正门，来人只能从

▼ 全国重点文物保护单位：恭城古建筑群

西侧小门出入。庙内有戏台、雨亭、前后殿、正殿和东西厢房。其中戏台是整个建筑的中心点，台面却不设台阶，完全是为比武所建。这座戏台的基座是由石块砌就的，上部则全用木头构架。台基上有精美的人物浮雕，台上有雕花的门窗隔扇和神龛。最奇妙的是在戏台板底曾经安放着三十六口水缸。

原来，当时的人们利用声学原理来制作古代的音响设备。人们在台上敲锣打鼓时，声音就会由水缸向上反射，继而产生共鸣，起到了扩音的效果。整个戏台上装饰华丽，流光溢彩，花鸟的雕饰栩栩如生，飞檐、重檐更是气势冲天，令人叫绝。

与武庙遥相呼应的东侧文庙始建于明朝永乐年间，它原址并不在现在的位置，而是在恭城县西北的凤凰山，在嘉靖年间才迁至印山。这座文庙同样是历经沧桑，历史上被修葺过二十多次，能保存至今着实不易。

和西侧的武庙一样，文庙也不设正门，从两边的耳门出入，门外有"文武官员至此下马"的禁碑，以体现对孔圣人的尊敬。文庙内的大成门共由十一扇组成，全为木质结构，门上是镂空雕刻的花鸟鱼虫图案，

▲ 恭城文武庙建筑

形象逼真。恭城文庙的主体建筑是大成殿，横向五间，进深三间，用以支撑的柱子中，有砖柱十根，木柱十八根。这些檐柱、门窗上也是装饰精美，使大殿显得威严端庄，金碧辉煌。

这一文一武两座庙宇在选址上是颇有讲究的，两庙分占同一山的两个山脊，相隔五十米，文庙的方位为南偏东六度，武庙则是南偏东四五度。如果延长它们的中轴线，就会发现这样一个奇妙的现象：这个交汇点离武庙一百米，离文庙则为一百一十米。这一长一短，是先人有意安排评说两位先圣的功德地位，还是自然的巧合，实在是一个值得探究的问题。

在中国传统的观念里，左为东，为阳，为尊，所以把文庙建在左边，以示崇文的意思；而右为西、为阴，为卑，把武庙建在右边，是抑武的意思。两座庙宇相互依偎，也体现出阴阳相合的意境，也充分体现了中华民族的文化理念，即既崇文，也尚武，先文而后武。

平凡的两座庙宇却有如此深厚的文化内涵，实在不能不令人折服！

● **恭城文庙是曲阜孔庙的"山寨版"吗？**

相传，恭城文庙最初建成后，恭城还是一直没有出过状元。所以就有人认为，这是因为孔庙建得太小了，尊孔敬孔之心不诚所致。于是，到清道光二十三年（1843年），恭城的民众推举了两名当地举人，千里迢迢赶到山东曲阜去亲自考察孔庙，将曲阜孔庙的图形精心描绘下来，回到恭城后按照这张图纸进行施工，对原有的文庙进行了细致改建、扩建。这个工程历时两年多，最后，恭城文庙终于被建成了一座规模宏大气派的孔庙，鉴于其规模较大，且是模仿曲阜孔庙改建的，所以又称其为"小孔庙"。